水库移民后期扶持配套政策框架体系

杨雪璐　著

黄河水利出版社
·郑州·

内 容 提 要

通过梳理现有移民后期扶持配套政策，剖析现有移民后期扶持配套政策存在的问题和缺陷，认为在当前有必要抓紧建立后期扶持配套政策框架体系，建立涵盖人口管理、规划管理、资金管理、项目管理、监督管理和保障措施等内容的后期扶持配套政策框架体系，然后进一步分析配套政策制定的重点和难点，提出加强和改进规划编制工作，健全移民资金的安全运行机制，完善规划实施的移民参与模式，建立多层次的后期扶持监管体系，强化项目的规范管理，建设高素质的移民管理队伍等完善配套政策的相关建议，以期为下一步制定和完善相关的配套政策提供理论指导和技术支撑。

本书可供从事水库移民工作的干部、实施管理人员及移民后期扶持技术咨询工作者参考。

图书在版编目(CIP)数据

水库移民后期扶持配套政策框架体系/杨雪璐著.郑州：黄河水利出版社，2017.1

ISBN 978-7-5509-1685-2

Ⅰ.①水… Ⅱ.①杨… Ⅲ.①水库工程-移民安置-政策体系-中国 Ⅳ.①D632.4

中国版本图书馆 CIP 数据核字(2017)第 014919 号

出 版 社：黄河水利出版社

地址：河南省郑州市顺河路黄委会综合楼 14 层　邮政编码：450003

发行单位：黄河水利出版社

发行部电话：0371-66026940、66020550、66028024、66022620(传真)

E-mail：hhslcbs@126.com

承印单位：河南新华印刷集团有限公司

开本：850 mm×1 168 mm　1/32

印张：4

字数：115 千字　　印数：1—1 000

版次：2017 年 1 月第 1 版　　印次：2017 年 1 月第 1 次印刷

定价：25.00 元

前 言

2006 年 5 月 17 日,《国务院关于完善大中型水库移民后期扶持政策的意见》(国发〔2006〕17 号,以下简称国务院“17 号文件”)印发,决定对大中型水库移民实施新的后期扶持政策,统筹兼顾水电和水利移民、新水库和老水库移民、中央水库和地方水库移民,解决部分水库移民生产生活中存在的突出困难,改善部分库区和移民安置区基础设施薄弱的问题,促进库区和移民安置区经济社会长远发展。

移民后期扶持政策主要通过大中型水库移民后期扶持规划、大中型水库库区和移民安置区基础设施建设和经济发展规划实施。国务院“17 号文件”对移民后期扶持政策实施工作做了明确规定:一是要求后期扶持资金能够直接发放到移民个人的应尽量发放到个人手中,用于移民生产生活补助;也可以实行项目扶持,用于解决移民村群众生产生活中存在的突出问题;还可以采取两者结合的方式。具体方式由地方各级人民政府在充分尊重移民意愿并听取移民村群众意见的基础上确定,并编制切实可行的水库移民后期扶持规划。二是要求以水库移民村为基本单元,按照优先解决突出问题的原则,抓紧编制库区和移民安置区基础设施建设和经济发展规划,作为国家安排扶持资金和项目的前提与依据。

自移民后期扶持政策实施以来,中央出台了一系列后期扶持配套政策,主要有:《关于大中型水库农村移民后期扶持人口核定登记工作的意见》《大中型水库移民后期扶持政策实施方案编制要求》《新建大中型水库农村移民后期扶持人口核定登记办法》《后期扶持基金征收使用管理办法》《后期扶持结余资金使用管理办法》《库区基金征收使用管理办法》《后期扶持基金征收使用责任追究办法》《大中型水利水电工程移民规划实施稽查暂行办法》《关于促进库区和移民安置区经济社会发展的通知》等。各省(区、市)在移民后期扶持相关规划实施过程中,也根据本省(区、市)实际,制定了相应的配套政策,主要有:人口核定登记工作管理办法、关于后期扶持方式的意见、后期扶持资金管理办法、项目扶持管理办法、监督检查和责任追究办法以及宣传提纲等。这些政策的实施在维护社会稳定,促进库区和移民安置区的经济发展,提高移民生活水平方面取得了一定的成效。

尽管中央和各地制定了一系列的后期扶持配套政策,但尚存在不少问题,需要进一步调整完善。为适应新时期水库移民后期扶持政策实施工作新形势和新任务的现实需要,更好地体现党和政府执政为民的理念,十分有必要总结移民后期扶持政策实施以来的经验、教训,构建大中型水库移民后期扶持配套政策框架体系,加强和完善移民后期扶持政策实施体系建设。

基于此,笔者通过对现有移民后期扶持配套政策的系统梳理,综合分析现有后期扶持配套政策的特点、发挥的作用及存在的缺陷,研究现有后期扶持配套政策有待完善之处,探讨后期扶持工作对配套政策的需求以及政策框架建设的重点和难点,并提出完善后期扶持配套政策的意见和建议,建立移民后期扶持配套政策框架体系,从而为后期扶持政策实施单位和宏观决策者提供参考,以促进移民后期扶持政策实施工作的制度化、规范化、法制化。

由于作者的阅历以及对移民工作认知程度及水平所限,书中难免存在缺点和错误,殷切期望广大读者加以斧正。

作 者

2016 年 7 月

目 录

第 1 章　水库移民概述

移民是人类与时俱进的重要发展活动,可以说,人类文明的发展史就是一部移民史,移民促进了人类文明的生长、交融。因水利水电建设而产生的水库移民是人类移民的重要组成部分,水库移民已经有很长的历史,为世界各国普遍重视。我国水力资源十分丰富,蕴藏量达6.76 亿 kW,居世界第一位,开发潜力巨大。目前,水利水电建设如火如荼,所产生的水库移民数量还将不断增加。大规模的水库移民,涉及政治、经济、文化、社会生活等各个领域,个中关系错综复杂,涉及面广,影响期长,一旦处理不好,产生的后果将十分严重。因此,水库移民问题的妥善解决是一项复杂的系统工程,关系到水库工程的顺利进行、移民的切身利益、库区及移民安置区的社会稳定。

1.1　移民的概念及分类

1.1.1　移民的概念

移民(An Immigrant; Resettlement),作为动名词,是指人口的迁徙活动,即从甲地迁居乙地;作为名词,即人口迁移活动的主体——个人或人群。两者是因和果的关系,前者为因,后者为果,即因为人口的迁移而产生移民,是相对于其他人或人群的特殊身份。

"移民"一词,最早见于《周礼》《管子》。《管子·秋官·士师》曰:"若邦凶荒,令移民通财。"《管子·七法》载:"不明于决塞,而欲殴众移民,犹使水逆流。"这里的"移民",均指迁移人口。

《辞海》将移民定义为:①迁往国外某一地区永久定居的人(To change one's country of permanent residence);②较大数量、有组织的人口迁移。

由以上定义可见，一般意义上的移民特征为：要跨越一定区域；要改变居住地。在我国现行户籍管理制度下，一般意义上的移民通常是指跨越一定行政区域并办理户口迁移的人或人群。

本书所研究的移民，仅指国内有组织迁居的人群，是指较大数量的、有组织的、在迁入地居住较长时间的人口迁移过程和迁移人口的总称。具体地说，"移民"当作动名词时是指人口迁移过程；而作为名词时则指具有上述迁移行为的人（个人或群体）。

移民现象古已有之，在低生产力水平时代，人类还是自然的奴隶，征服自然和改造自然的能力相当薄弱，当自然环境、食物供给条件恶化时，为了生存需要而不得不择境而居，导致人口不断发生迁徙活动。可以说，古代移民更多的是自然型、环境型移民。随着社会经济的发展、生产生活设施建设的需要以及交通运输条件的改善，人们在空间位置上的迁居现象越来越普遍、频繁。现代移民的社会型、经济型、文化型、政治型等特征更加突出。

移民，是一种人口活动或人口变动过程，既可理解为人口地理现象，即通过人口在空间上的不断迁徙，改变了人口在空间位置上的聚集或组合状况，对人口进行了再分布，扩大了人口的地理生存空间；也可理解为一种社会现象，即移民促进了文化传播、经济繁荣、民族融合、基因交流等，有利于社会进步。因此，移民过程，既是人们生存空间的变更过程，也是经济、社会、文化系统的重建过程。

1.1.2 移民的分类

考察移民发展的历史得知，自然灾害、战争、政治、宗教、经济、环境、生态、工程等因素都是移民产生的动因。由于产生的因素不同，移民的种类也不相同。按不同标准，移民可以划分为不同的类型。

(1)按移民迁移的意愿不同，可以分为自愿移民和非自愿移民。自愿移民一般是自己选择的，以青壮年为主，并愿意寻求新机会，如农村向城市的移民以及由政府组织的移民活动，常常能够刺激经济的增长。牵涉到此类移居的人一般有两类：①自告奋勇的单身年轻人或中年人；②以第①种人为户主的家庭。他们精力充沛，愿意冒险去寻求新的机会和挑战。非自愿移民，主要是因为较大规模的工程建设或为了某种特殊需要，居民的房屋和土地等主要的生产生活资料将被占用或被淹没，现有生存条件将不复存在，必须迁移而直接或间接影响到的人口。非自愿移民包括各种年龄的人，观念与能力各不相同，其中很多人别无选择，只有离开故土和放弃其资产。非自愿移民牵涉男女老少，有些可能不情愿搬迁，许多非自愿迁移的人不愿冒险，对搬迁和在新地方落户并从事新事业缺乏精力和资力。

自愿移民主要是从个体或家庭利益出发而迁居，非自愿移民则是因宏观或大局利益的需要而不得不迁居。因工程建设而产生的较大规模的有组织的人口迁移与经济社会重建活动，属非自愿移民。非自愿移民的安置较自愿移民的安置更为艰巨复杂，涉及社会、政治、经济、文化、心理、宗教、环境、技术等诸多方面。因此，从社会、文化、心理、经济和环境结果方面正确理解非自愿移民问题，具有重要的战略意义，因为它可能导致一个包括移民行动在内的不同的项目选择。同时，受影响的人们对项目的社会认同至关重要，因为它可以使项目继续进行而不会产生延误或不需付出很大代价的调整，否则，将对项目执行导致负面影响。

（2）按移民行为和移民现象的性质，可分为工程移民（水利、电力、交通等各类工程建设）、灾害移民（泥石流、火山、洪水、地震、流行性疾病等）、生态移民（沙漠化地区、湿地、水源地、自然保护区等）、战争移民（如公元 376—568 年日耳曼诸王国的建立，包括自发的或有组织的行为）、政治移民（古代社会的强迫移民，如古希腊、古罗马国家的建立和中国古代的军屯、民屯制度等）、经济移民（建立经济特区、扶贫、工商行为、择业等）、宗教移民（如古犹太民族因宗教原因而被迫迁移）等。

工程移民通常指由工程建设（如水利、电力、铁路、机场、城建、工业、环保等）所产生的较大规模的有组织的人口迁移及社会经济系统的重建，从性质上讲，属于非自愿移民。工程移民与一般意义上的移民比较，或许不跨越一定行政区域（如后靠移民、城建移民），也可能不改变户籍所在地，仅仅是一种房屋的拆迁与重新安置，当然，那些涉及跨行政区域的外迁移民则与一般意义上的移民具有相同之处。但是,工程建设所产生的非自愿移民较自愿移民(或一般意义上的移民)的安置更为艰巨而复杂,涉及社会、经济、政治、文化、人口、资源、宗教、民族、风俗习惯以及移民工程技术、移民管理等诸多领域,是一项十分庞大、复杂的系统工程,影响范围广、时间跨度长,也是世界各国及国际社会普遍关注的问题。水库工程移民也是包括内容最多、难度最大、最具代表性的工程移民。

在我国,从工程性质、移民居住地区和安置方式等不同角度考察移民,可划分为不同类型。按工程性质分,有城建(含工业)移民、交通(含铁路、河道)移民、水库移民;按移民居住地区分,有农村移民、集镇移民、城市移民;按工程征地形状分,有线性征地移民、带状征地移民、块状征地移民;按征地对居民影响分,有征地移民、拆迁移民、征地拆迁移民;按移民生产安置行业分,有农业安置移民、工业安置移民、第三产业安置移民;按安置方式分,有就地后靠移民、外迁移民、分散安置移民;按就业安置组织方式分,有农业安置移民、企业招工安置移民、自谋职业安置移民、养老保险安置移民;按水利水电建设及涉及不同地区移民分,有库区移民、坝区移民、河(渠)道、闸(站)移民。

按工程性质及其产生的移民的特点,可将移民分为:城建移民、交通与电力移民、水利水电工程移民。

(1)城建移民是指城市规划区内部道路等基础设施建设、旧城改造、工业企业迁移或新建、新区建设等所产生的移民。该类移民大多呈块状分布,房屋拆迁和移民安置房屋建设或补偿费用核算等任务重、工作繁杂而量大。

(2)交通与电力移民,是指公路、铁路、机场、河道、变电站、火电站等的修建而引发的移民。该类型的移民大多呈带状分布,其征地拆迁范围涉及行政区域多,但每个单元(村、社、街道)征占土地占总土地面积比例不大,征地移民也不多。

(3)水利水电工程移民,是指因公共利益的需要进行水电站、河道、堤防、水闸、排水、泵站、灌溉、调水等工程建设而引起的较大数量的、有组织的征占土地、房屋拆迁、人口迁徙和社会经济系统的重建活动或过程的总称。本书仅以水利水电工程移民中最具代表性的、影响最大的大中型水库移民为研究对象。

1.2　水库移民的概念、属性与特征

1.2.1　水库移民的概念

水库是指在山沟或河流的狭口处建造拦河坝形成的人工湖泊。水库建成后,可起防洪、防凌、蓄水灌溉、供水、发电、养鱼等作用。有时天然湖泊也称为水库(天然水库)。水库规模通常按库容大小划分,水库规模类型划分见表 1-1。

表 1-1　水库规模类型　(单位:万 m^3)

<table>
<tr><th colspan="2">水库类型</th><th>总库量</th></tr>
<tr><td rowspan="2">小型水库</td><td>小(二)型</td><td>10 ~ 100</td></tr>
<tr><td>小(一)型</td><td>100 ~ 1 000</td></tr>
<tr><td>中型水库</td><td></td><td>1 000 ~ 10 000</td></tr>
<tr><td rowspan="2">大型水库</td><td>大(二)型</td><td>10 000 ~ 100 000</td></tr>
<tr><td>大(一)型</td><td>>100 000</td></tr>
</table>

无论是哪种类型水库的兴建,都势必导致一定数量的移民。

水库移民(Reservoir Immigration),指因兴建水库工程而同时或分别失去房屋、土地以及其他生产生活资源,或生产生活资源受到工程建设影响,而需要补偿和重新进行生产生活安置的单位或个人。

显然,水库移民的产生是因为国家或社会为了获得水利水电资源而修建水库或为防止水灾而进行江河整治,水库移民不是按他们自己的意愿自行迁移,而属于非自愿移民活动。水库移民数量大,又很集中,大中型水库移民少则几百上千,多则数万、数十万,乃至上百万,往往涉及城镇、工矿企业、交通设施、社会文化、人际关系等领域,影响面很大,情况十分复杂。因此,水库移民需要具有公共职能的政府机构来主导；同时，水库移民还牵涉政府、移民、业主、规划设计单位、安置地居民等各方利益，因此多方参与必不可少；另外，水库移民是一个系统工程，有政府的主导和多方的参与，从前期规划到搬迁安置再到一个时段的扶持（即后期扶持），都是一个有组织的过程。

因此，水库移民是指因水利水电资源开发建设或大江大河治理而发生的、国家（或政府）主导的、多方参与的、有组织的、大规模的非自愿人口迁移过程及其引发的社会经济系统重建活动。

1.2.2 水库移民的属性与特征

1.2.2.1 水库移民的属性

水库工程的兴建，势必淹没大片的农田、村庄、城镇以及工业企业，大量的移民需要政府组织动员、负责安置，移民离开原来的生产与生活环境，到异地重建家园，其社区结构和区域经济需要重组。因此，水库移民就其性质看，属于典型的非自愿性移民，其复杂性与难度远高于自愿性移民。在国外，水库移民也是一个难题，因为它涉及农村、城镇、工业企业、交通运输、生态环境等诸多方面，既要考虑到社区结构的重组，又要考虑到区域经济的恢复与重建；既涉及移民的生产与生活安置、后期的可持续发展，又关系到淹没区和安置区各方面的利益。水库移民搬迁安置、后期扶持是一项复杂的系统工程，集自然、社会、经济、环境等科学于一体。

因此，就水库移民的活动过程看，它是自然属性与社会属性的统一，但其本质属性是社会属性。

1.2.2.2 水库移民的特征

水库移民一般具有如下特征：

(1)政府主导性。水库移民的产生是因为国家（政府）开发水利水电资源或治理大江大河而引起的居民搬迁，移民的实施机构是各级地方人民政府以及各级地方人民政府移民机构，具有明显的政府主导性。政府负责移民的搬迁安置规划制定、实施以及移民政策的落实，移民过程中各种问题的处理，移民生产生活水平的恢复和提高的各种帮助，必要时还要采取行政手段干预，以确保移民工程进度。因此，水库移民过程中政府自始至终都参与其中，并发挥着主导作用。

（2）多方参与性。大中型水库移民是一项复杂、庞大的系统工程，涉及主体众多，包括政府、移民、项目法人、规划设计机构、技术咨询机构、金融机构、安置区居民等。目前，我国水库移民还遵照各方支援水库移民的原则，动员各种社会力量支持和支援移民恢复生产，重建家园，发展经济。

（3）组织系统性。水库移民是政府主导、多方参与的系统工程，体现出很强的组织性。在移民系统中，各个参与主体各司其职、各负其责；整个系统流程，从前期规划设计到搬迁安置，再到后期扶持，各个环节环环相扣，密切配合。同时，其他的政策、法规、机构设置、舆论宣传等保障体系紧跟其上，体现出很强的系统性和组织性。

（4）非自愿性。水库移民，是由水库工程建设所决定的，不以移民本身的意愿为转移；这些移民不能事先筹划自己的迁移目标和从业去向，不能自由决定自己的去留，移民搬迁处于被动地位，表现为非自愿性特征。大中型水库工程一般规模较大，涉及面广，常由政府组织，往往带有很强的政府行为色彩。

（5）高风险性。移民搬迁虽然可以为移民群体提供改善生存环境、提高生活质量、实现经济社会可持续发展的机遇，但也面临着因告别家园、失去土地、丧失房屋、缺少生产工具、远离亲戚、减损社会关系而导致的边缘化、贫困化风险，进而引发严重的社会问题。20世纪80年代以前我国建设的水利水电工程，由于受到当时补偿和安置政策的影响，移民收入普遍低于当地原居民的平均水平，约有1/3移民相对贫困。因此，水库移民是一个伴有较大程度破坏性的痛苦过程，总会产生或累积各种矛盾，留下隐患和后遗症，有时还会引发冲突、对抗和暴力，酿成大规模的群体性事件，成为影响水利工程建设和库区、移民安置区社会稳定的重要因素。

（6）时限性。任何一项水库工程，都有明确的实施计划及开工、竣工时间期限。如三峡工程，根据三峡水利工程的建设规划和实施计划，在1994年开工建设后，1997年第一次大江截流，2003年开始蓄水至135 m水位，2006年蓄水至156 m水位，2009年全部建成，三峡水库正常蓄水至 175 m 水位。在以上不同时限以前,对应水位库区范围内的移民,必须在这一时限以前撤离原居住地,搬往新区,具有很强的时限性特征,需要按计划组织实施。移民迁建工程建设进度必须与水利工程建设同步或者适当提前。

(7)区域性。水库修建的选址,大多具有特殊的自然地理位置或社会经济战略地位,其区域性特征明显。如三峡水库蓄水涉及的 20 个县(区),总面积 5.8 万 km^2,人口 1 937 万人,其中农业人口 1 479 万人。这一地区同我国其他大多数山区一样,由于交通不便,长期处于较为封闭的自然经济状态,当地居民以农业生产为主,文化素质不高,经济相对落后,部分地区靠国家财政补贴。受水库蓄水影响,当地居民要迁出原居住地,从文化传统、生活习惯和社会群体关系等考虑,大部分人员适宜就近安置,分布于库区的一定范围之内。由于淹没区涉及人口聚集的 13 座城镇、116 座集镇,这些移民的搬迁,具有很高的密度和强度,因而,移民工程量大、难度高、情况复杂,对一定区域范围内的经济社会具有重大影响,要注意对其区域社会、经济与环境背景的研究。

(8)补偿性。无论是国家的公共行为,还是企业行为,工程建设造成当地居民的生产、生活条件丧失和固定资产损失,需要迁移,这些移民为大局利益做出了牺牲,理应得到相应补偿,并在移民过程中得到发展。这种补偿往往是按原值或恢复原功能给予的,一些私有财产少、居住条件差的弱势群体,得到的补偿亦较少,要维持或超过其原有生活水平,非常不容易,更需要政府和社会的关心与帮助。库区移民补偿包括农村移民安置、城集镇迁建、工矿企业复建、专业项目复改建、环境保护等分项补偿内容。库区移民实行开发性移民的方针,国家对移民除按“原标准、原规模、恢复原功能”的原则补偿受淹受损设施和生产生活资料外,还采取多种措施保证移民的稳定安置与发展。

(9)社会性。水库移民安置是以人为中心的活动,人的社会性决定了水库移民活动的社会性。水库移民活动综合考虑到社会、政治、经济、文化、风俗、环保、就业、安置区公共设施以及移民与原居民的融合问题。水库移民工作若有疏漏,就会给移民工作造成失误,严重伤害移民的感情和利益,给移民后期发展带来诸多困难。因此,在移民搬迁安置中,必须编制切实可行的移民安置规划,考虑到农村移民的实际困难,还应建立较长时期的移民后期扶持制度,从而保证移民搬迁安置后生产生活得以恢复和提高,生活水平得以改善。

(10)发展性。修建水库在给移民造成巨大损失的同时,也孕育着重建和发展的机遇。开发性移民实现了移民系统的重建和恢复,在移民重建家园的过程中可以趋利避害,因地制宜地规划和建设移民安置区的社会经济系统,因此水库建设给移民带来了开发资源、发展经济、建设新住地的机遇,有利于安置区人口、资源、环境、社会与经济的可持续发展。

1.2.2.3　水库移民心理状况

在实践中,移民群体往往除了表示支持国家重点建设、顾全大局,就心理状态而言又有如下状况:

(1)依附性。移民支持国家建设,国家应该把移民安置好,这是国家应尽的责任。但移民往往把这种责任无限延伸,不论是否因移民带来的问题,都希望甚至依赖国家解决。

(2)攀比性。水库移民涉及面广,情况各异。在补偿和安置中,移民往往有脱离实际、脱离国家政策、比高不比低的思想,提出不切实际的要求。除在内部比以外,还和发达地区和其他工程比。

(3)超前性。大部分移民主观上都希望通过搬迁安置一次性解决今后发展需要解决的问题,因而往往不满足于补偿和安置后生活比搬迁前有较大改善和提高的客观现实,期望立即办成大工业、大工厂、大城市,脱离资源、市场、环境及人口、资金状况等基本条件,期望值高。

(4)归属性。不管主客观原因,凡是问题一律归罪于"水淹人搬",一旦戴有"移民帽子",就有了最可靠的政府保险,本人不论在什么方面都可不承担风险,以致变成"万岁移民"。

1.3　我国水库移民概况

我国水资源总量十分丰富,达 2.8 万亿 m^3。但是,由于我国人口众多,人均占有水资源量只有 2 300 m^3,仅为世界人均水资源量的 1/4,

被联合国列为13个贫水国家之一。同时,我国幅员辽阔,水资源在时空分布上极不均衡,导致我国成为一个水旱灾害频繁发生的国家。长江流域及其以南的河川径流量占全国七大河流总径流量的81%,而黄淮海流域水资源只占全国的7.2%。为控制水旱灾害,开发利用水资源,保证社会生产和人民群众生活需要,我国必须修筑大坝和水库,与此同时,不可避免地出现了如何处理大量水库移民的拆迁安置问题。

新中国成立以来,已修建各类大坝共约8.6万座,形成大中小水库共5 542亿 m^3 的总库容。通过水库与全国26万多 km^3 的江河堤防及98处蓄滞洪区联合调度,保护了4.1亿人口、3 300多万 hm^2 耕地、600多座城市和主要铁路以及交通干线的防洪安全;每年提供生活及工业用水300亿 m^3,灌溉农田面积1 600多万 hm^2。全国建成水电站4 500多座,总装机容量达6.5万 MW,年发电量2 100多亿 kWh。总之,大坝的建设在防洪、灌溉、供水、发电以及综合利用等方面,发挥了巨大的经济效益和社会效益,为我国国民经济持续、稳定、快速发展提供了重要保障。

我国水库移民数量众多,以农村移民为主体。据调查,截至2006年6月底,全国大中型水库移民现状人口2 500多万人,其中农村移民2 288万人,占91%。

我国水库移民类型多样。按照建设时期,可分为1985年底前建成的水库移民和1986年以后建设的水库移民,各占76%和24%;按照水库功能,可分为水利工程移民和水电工程移民,各占69%和31%;按照水库管理隶属关系,可分为中央所属部门与单位管理的水库移民和地方管理的水库移民,各占34%和66%。

水库移民耕地匮乏,生存空间狭小,发展能力不足。1985年底前建成的水库移民,80%以上是就地后靠安置,安置区生存容量狭小,耕地面积急剧下降,且土地贫瘠,缺乏灌溉设施,库区耕地的单产普遍比非库区低好几成。

库区和移民安置区基础设施落后,生存环境恶劣,普遍存在行路难、饮水难、用电难、上学难、就医难等问题。

我国水库移民工作,大致可分为三个阶段:

(1)第一阶段:1950～1957 年,修建大中型水库 20 多座,移民约 30 多万人。

中华人民共和国成立后,党和政府高度重视国民经济建设,水利水电建设固然也被作为一项重要工作来抓。1950 年 10 月,政务院发布了《关于治理淮河的决定》;1955 年 7 月,在第一届全国人民代表大会第二次会议上通过了《关于根治黄河水害和开发黄河水利综合规划的决议》,与此同时,在全国范围内逐步开展了大江大河的治理。在 7 年的时间内,全国兴建了 20 多座大中型水库或水电站,移民总数约 30 万。

这段时期水库移民的主要特点有以下几点:

①水库淹没实物指标比较简单,主要是补偿个人和集体的房屋和土地,专项设施建设项目少且由各个部门负责建设。

②正值土地改革和农业合作化初期,人均占有耕地数量相对较多,通过划拨或调剂土地,以土地置换安置移民,移民能在较短时间内恢复发展生产。

③新中国成立初期,各级人民政府对移民工作十分重视,成立专门机构负责实施。移民干部工作认真,作风踏实,深入到移民户做思想政治工作,帮助移民解决实际问题。有些项目还建立了移民安置验收制度,保证了各项安置措施的落实。

④农村人均补偿资金虽不高,但有等量的土地补偿,且物价比较稳定。再加上广大移民自力更生、艰苦奋斗,重建家园,绝大多数移民得到妥善安置,移民的思想也较稳定,所以,遗留问题并不突出。

(2)第二阶段:1958～1978 年,我国的 8.6 万座水库中,大部分水库都是这一时期修建的,移民近千万人。

社会主义改造基本完成后,全国上下进入建设社会主义阶段,一大批水利水电工程也陆续上马建设,如三门峡、丹江口、新安江、密云、刘家峡等 280 多座大中型水库(水电站)。这段时期是中华人民共和国成立以来兴建水利水电工程最多、移民数量最大的时期。在该时期,我国遭受了严重的 3 年自然灾害,再加上左倾错误路线的干扰和影响,在移民安置工作中,出现了一些违反客观规律的现象,导致这段时期水库移民遗留问题突出。

这段时期水库移民的主要特点有以下几点：

①由于正处在“大跃进”和“文化大革命”的特殊历史时期，普遍存在“重工程、轻移民”的思想倾向。各级领导都忙于抓工程建设，抢进度，抢工期，而把移民工作放在次要的位置，以“一大二公”（“人民公社”第一规模大，第二公有化程度高）的政治口号对移民进行搬迁安置动员。移民安置工作不遵循科学，不按经济规律办理，主要依靠行政手段搞“一平二调”（在新中国盛行一时的农村基层组织“人民公社”内部所实行的平均主义的供给制、食堂制（一平），对生产队的劳力、财物无偿调拔（二调））来进行，对移民的切身利益重视不够。

②水库移民前期工作不扎实，从事这方面工作的专业机构和专业力量很薄弱，大多限于调查淹没损失和估算补偿投资，普遍缺少可供实施的移民安置规划，即使有移民安置规划（如新安江、三门峡），也未能付诸实施。

③移民安置普遍采取就地后靠，忽视环境容量分析，工作带有一定的盲目性，结果移民重迁、返迁的不乏其例。对移民安置，主要是划拨一定的土地和住房，而忽视了安置区必要的水、电、路、文、教、卫等基础设施和公共设施的建设。

④移民补偿标准普遍偏低，移民经费严重不足，人均补偿只有几百元。对移民房屋的补偿大多没按受淹面积计算，而只按人均几平方米进行补助，其他淹没损失没有得到补偿，这就大大增加了移民重建家园的困难，致使移民不能迅速恢复原有生活水平。加之未考虑移民发展生产经费，造成移民搬迁后生产生活水平下降。

⑤没有专门的水库移民安置政策、法规和技术标准，唯一可供遵循的是土地征用办法。所以，在移民安置上，主观随意性很大，移民利益遭受损失也缺乏申诉依据。

由于缺乏经验，对移民安置工作的复杂性认识不足，这段时期的水库建设项目中存在着重工程建设、轻移民安置的现象，表现在水库移民安置规划单一，使部分水库移民在搬迁安置后，存在着一些生产和生活基础设施不完善等方面的遗留问题。

(3)第三阶段:1979 年至今,我国建成了葛洲坝、龙羊峡、乌江渡、隔河岩、水口、五强溪、二滩、东风、桃林口、飞来峡、小浪底等 70 多个大中型水库大坝,长江三峡工程等大型项目也先后开工,已搬迁安置的水库移民约 360 万人,其中三峡工程移民达 120 万人,小浪底工程移民 20 万人。

1978 年我国实行改革开放,社会主义经济建设进入全面提速阶段,城市基础设施建设需要占用大量土地,征地数量空前增加,再加上我国人口的自然增长,人地矛盾越来越突出。农村家庭联产承包责任制的实行,使土地所有权和承包经营权相分离,工程建设征用土地,既要对土地所有者支付补偿费,又要对土地承包者进行安置。在水库工程建设过程中,国家既要保证工程建设用地的需要,又要负责妥善安置工程建设所涉及的移民安置问题。随着国家政治制度、法律制度建设的不断推进,征用土地和安置移民需要从法律制度上予以保证。所以,从 1979 年开始,我国水库工程移民逐渐实行开发性依法移民。

这段时期水库移民工作的主要特点有以下几点:

①党中央、国务院高度重视水库移民工作,在认真总结过去几十年水库移民工作经验教训的基础上,提出了开发性移民方针,把水库工程建设的移民需要与改善库区群众的生产生活条件结合起来,先后出台了一系列有关水库移民的政策法规,对水库移民安置规划、补偿标准、安置方式、实施管理、后期扶持和遗留问题处理等进行了规范。水库移民工作取得了很大的进展,移民遗留问题得到有序处理,移民安置效果有了明显改善,有力地维护了社会稳定,保证了水利水电建设的顺利进行。

②各级政府把移民工作摆上重要议事日程,提高了对水库移民工作重要性的认识,明确了指导思想和工作方针,进一步建立和完善了各级移民管理机构,建立了一系列规章制度,加强对移民工作的管理,不断完善"政府领导、部门负责、业主参与、分级管理、县为基础"的移民工作管理体制。

③进一步加强移民前期工作,规划设计部门注意做好实物指标调查、规划设计等前期工作,各级政府加强了移民安置规划的实施和管

理。无论是处理老水库移民遗留问题还是新建水库移民搬迁安置工作,都要求必须结合当地实际,制定切实可行的移民安置规划。《大中型水利水电工程建设征地补偿和移民安置条例》明确规定:新开工的项目,没有移民安置规划的,不得审批工程设计文件、办理征地手续,不得施工。该规定大大加强了移民的前期工作。在搞好淹没影响范围内人口、实物调查的基础上,根据当地的实际情况,按照社会、人口、资源和环境相协调的原则,因地制宜地编制移民安置规划。

④从 20 世纪 80 年代中期开始,国家在大型水库工程建设方面积极引进外资,利用世界银行贷款进行工程建设和移民安置,并引入国际社会对工程移民的先进管理理念,在移民管理方面逐步进行监理、监测和后评估工作,对移民实行监理、监测和后评估,是市场经济规律的内在要求,政府和项目法人共同委托中介组织对移民安置进度、质量和资金使用进行持续的监理、监测和后评估,标志着我国移民管理工作的科学化、制度化、国际化、市场化,也是今后移民管理工作必须坚持的道路。

⑤国家倡导并支持开发性移民方针。随着改革开放的不断深入发展,在移民安置上也提出了新的思路,拓宽了移民安置渠道,农村移民安置方式也发生了变化,改变过去单一的靠种植、养殖业安置的模式,而是采取因地制宜的安置方式,宜农则农,宜工则工,宜商则商,实行大农业、种养加、贸工农、农村城镇化等多途径安置移民。

⑥做好移民后期扶持工作,制定出台扶持移民发展的各项优惠政策,落实后期扶持资金,有序解决移民遗留问题,扶持移民发展生产,改善和提高生活水平。

过去修建的众多水库发挥了巨大的经济和社会效益,同时,各级政府也在实践中不断总结经验教训,关注水库移民的生产发展和生活水平的稳步提高。根据我国的国情,从中央到地方,各级政府都设置了水库移民工作管理机构,对水库移民的安置工作从研究制定有关政策、编制移民安置规划,到组织实施以及移民安置后对其进行扶持以发展生产,实行了全过程的管理。特别是改革开放后,我国政府对水库移民工作给予了前所未有的关注,先后出台了一系列有关水库移民安置的政策，实行开发性移民方针，并制定了水库移民安置条例，从法律上对水库移民安置规划、移民补偿标准、移民安置方式以及后期扶持等方面做了合理的规定，并认真地组织、实施，既保证了大坝的顺利建设，又保护了水库移民的切身利益。

从近 20 年的情况看，我国政府在兴建大坝的过程中通过对移民实施搬迁安置，有效地改善了这部分居民的住房、交通、供电、供水、文教卫生及通信等生产和生活设施，增强了他们发展经济的能力，提高了他们的生活水平。我国的水库移民安置工作已取得较好成果。例如，水口工程和小浪底工程等大坝项目的水库移民安置工作，已经成为世界银行推荐的利用世界银行贷款援助项目中水库移民安置的成功典范。

总的来说，尽管我国是世界上建设大坝最多的国家，但是，由于我国政府对水库移民安置工作越来越重视，把关系水库移民的生存与发展问题放在重要的位置，有效地保障了水库移民的生存权和发展权，因此我国的水库移民情况总体上是好的。

第 2 章　水库移民政策的发展与完善

新中国成立后，我国兴建了一大批大中型水库，水库的修建打破了移民原有的生产生活秩序，影响了库区和移民安置区经济社会的发展，大中型水库移民为国家水利水电事业的发展做出了牺牲和贡献。因此，为了保护移民权益，促进库区和移民安置区经济社会发展，维护库区和移民安置区社会稳定，国家先后出台了一系列的法律法规和移民政策，并根据经济社会的发展和实践经验的积累不断地对其进行发展和完善。本章对我国水库移民的法律法规、政策体系、大中型水利水电工程建设和征地补偿移民安置条例、水库移民遗留问题处理政策、水库移民后期扶持政策进行介绍，为研究水库移民后期扶持监测评估奠定了理论及政策基础。

2.1　法律与政策

2.1.1　法律

法律（Law）是反映统治阶级意志，由国家制定或认可并保证实施，以权利和义务为内容，以确认、保护和发展统治阶级所期望的社会关系和社会秩序为目的的行为规范体系，并由国家强制力保证实施的行为准则。

法律具有如下基本特征：

（1）法律是调整人们关系的特殊的社会规范。它从统治阶级的利益出发，以国家的名义规定了人们的权利和义务，明确告诉人们，什么行为是合法的、可以做的；什么行为是非法的、禁止做的；以此来规范人们的行为，钳制被统治阶级，调整社会成员的相互关系，从而使有利于统治阶级的社会关系和社会秩序得到维护和发展，以实现统治阶级的阶级专政。

(2)法律是统治阶级意志的表现。在阶级社会中,法律集中反映了统治阶级经济和政治的根本利益,它具有强烈的阶级性。统治阶级通过所掌握的国家政权,把自己的意志上升为国家意志,即以法律、法规、决定、命令、规章、条例等形式表现出来,使之具有普遍的约束力,成为人人都必须遵守的行为规则。

(3)法律是由国家制定或认可的。国家制定就是国家机关按照特定的程序,创造具有不同法律效力的规范性文件。国家认可是指国家赋予某些早已存在的、有利于统治阶级的社会规范(如某些风俗、习惯或宗教信条等)的法律效力。

(4)法律是以国家强制力来保证实施的。国家强制力就是国家暴力,就是指国家的专政机器(即军队、警察、法庭、监狱等)。法律在执行过程中必然遭到被统治阶级的抵制和反对,统治阶级为了迫使被统治阶级遵守法律、服从自己的意志,就必须依靠国家暴力做后盾;否则,法律就是一纸空文。

2.1.2　政策

政策(Policy),是指国家政权机关、政党组织和其他社会政治集团为了实现自己所代表的阶级、阶层的利益与意志,以权威形式或者标准化的规定在一定的历史时期内,应该达到的奋斗目标、遵循的行动原则、完成的明确任务、实施的工作方式、采取的一般步骤与具体措施。简明扼要地讲,政策是指国家或政党为实现一定历史时期的路线而制定的行动准则。政策的实质,是阶级利益的观念化、主体化、实践化的反映。政策决定政治,成为现代社会的政治发展新动向与特征。一个国家要形成和维持下去,就必然要有其固有的国家政策,也决定着这个国家的兴衰与存亡。

政策的内容主要分为对内与对外两大部分,涉及国家和社会生活的方方面面,也牵涉到一个国家内各阶层人民的切身利益。因此,也可以这样来理解:政策是一种政治行为,是政府意志的体现;还是一种过程概念,表现为政府为达到某个既定目标而采取的一系列可操作性的活动,是动态的,并与过去和未来有关;同时又是有关政府机构集体成员之间的一种默契,要求所有成员在给定的政治环境下能够把握其他成员的行为准则;而且可视为是一种权威性的社会价值分配方案,这种价值分配将在与政策相关的目标群体范围内进行。

政策具有如下特征:

(1)现实性。任何一项政策,总是根据当时的客观实际出发,为了一定的目的、动机和方案而制定的,即强调某种实用价值,为现实的社会政治、经济生活服务。

(2)系统性。政策不是孤立的,各项政策之间存在着纵向的一致性和横向的协同性,从而形成一个完整的政策体系。政策是一个复杂的系统,包含着诸多分系统和子系统。同时,每一政策本身也是一个系统,它又是其所属的更大系统中同其他政策相联系的子系统。

(3)权威性。政策具有法律的或行政的约束力,一旦制定并颁布,就必须执行,而不能违反。因为政策是反映了统治阶级的意志,代表一定的利益,并按照一定的程序,经过权威机构论证而颁布;政策的权威性是政策的阶级性的直接反映,是政策原则性的集中体现。可以说,没有权威,就没有政策。

(4)相对稳定性。政策是从客观实际出发的,而客观事物虽然是不断变化的,但是在一定时期内,还是表现出相对稳定状态,因此政策的实施不能朝令夕改,否则有失其权威性,也难以把握与实施。

2.2 水库移民法律法规体系与政策框架

2.2.1 我国水库移民法律体系

水库移民法律,是指为了维护水库移民的利益,调整水库移民过程中的各种社会关系,由国家制定或认可,并由国家强制力保证实施的有关移民工作和移民管理的行为准则。

经过60年水库移民的实践,我国的水库移民工作已经形成了一套行之有效的法律体系,为做好移民安置工作起到了重要作用。由于水库移民安置涉及社会、人文、经济、环境等各行各业,内容广泛复杂,因此涉及的法律法规也很多。从我国的情况看,水库移民管理的法律体系主要由基本和通用法律法规、专用或行业法律法规、特大型水利水电工程项目的专项法律法规及地方性法律法规组成。

2.2.1.1 基本和通用法律法规

(1)《中华人民共和国宪法》,简称《宪法》。《宪法》是中华人民共和国的根本大法,是每一个公民都必须遵守的基本法律,其他法律也不得与之相冲突或违背。宪法中规定了矿藏、水流、森林、山岭、草原、滩涂等的权属以及土地的权属。宪法中规定"城市土地属国家所有。农村和城市郊区的土地,除国家规定属于国家的以外,都属于集体所有;宅基地和自留地、自留山,也属于集体所有""中华人民共和国公民的住宅不受侵犯""国家保护公民的合法收入、储蓄、房屋和其他财产的所有权"。宪法中还明确规定"国家为了公共利益的需要,可以依照法律规定对土地实行征收或者征用并给予补偿""任何组织和个人不得侵占、买卖或者以其他形式非法转让土地。土地的使用权可以依照法律的规定转让。""一切使用土地的组织和个人必须合理地利用土地"。

(2)《中华人民共和国土地管理法》,简称《土地管理法》。该法确定了征用土地补偿补助的标准以及征用土地的法律程序。在1982年国务院《国家建设征用土地条例》和《村镇建房用地管理条例》的基础上,全国人民代表大会常务委员会于1986年6月25日通过了第一部《中华人民共和国土地管理法》,该法规定征用土地时,国家保护公民的合法收入、储蓄、房屋和其他财产的所有权,还明确规定了国家为了公共利益补偿补助的标准及征用土地的法律程序。1988年,全国人民代表大会常务委员会对《中华人民共和国土地管理法》进行了全面修订,主要是结合改革开放以及市场经济条件下,我国土地使用、管理、供求等方面出现的新问题,对土地征用审批、征用土地补偿等提出了更科学而严格的要求。2004年8月28日,全国人民代表大会常务委员会对《中华人民共和国土地管理法》再次进行了修改,同年10月21日,国务院下发了《国务院关于深化改革严格土地管理决定的通知》(简称28号文件),强调了严格执行土地管理法律法规、加强土地利用总体规划、城市总体规划、村庄和集镇规划实施管理、完善征地补偿和安置制度、健全土地节约利用和收益分配机制以及建立完善耕地保护和土地管理的责任制度。28 号文件在对失地农民补偿方面突破了 1999 年 1 月 1 日起实行的《中华人民共和国土地管理法》规定的土地补偿费和安置补助费的总和达到法定上限的 30 倍的限制。

以上两种法律是水库移民管理法律体系中最基本和通用的法律。其他法律还有：

(3)《中华人民共和国民族区域自治法》。

(4)《中华人民共和国水法》。

(5)《中华人民共和国环境保护法》。

(6)《中华人民共和国文物保护法》。

(7)《中华人民共和国水污染防治法》。

(8)《中华人民共和国森林法》。

(9)《中华人民共和国草原法》。

(10)《中华人民共和国矿产资源法》。

(11)《中华人民共和国野生动物保护法》。

(12)《中华人民共和国传染病防治法》。

(13)《中华人民共和国水土保持法》。

(14)《中华人民共和国经济合同法》。

(15)《中华人民共和国城市房地产管理法》。

(16)《中华人民共和国公路法》。

(17)《中华人民共和国农村土地承包法》。

以上各项法律都是由全国人民代表大会全体会议或者常务委员会通过的，具有最高的权威。

2.2.1.2 专用或行业法律法规

与水库移民有关的专用或行业法律法规主要有：

(1)《大中型水利水电工程建设征地补偿和移民安置条例》。

(2)《城市房屋拆迁管理条例》。

(3)国家土地管理局《确定土地所有权和使用权的若干规定》。

(4)《基本农田保护条例》。

(5)《土地复垦规定》。

(6)国土资源部《建设用地审查报批管理办法》。

(7)《蓄滞洪区运用补偿暂行办法》。

在水库移民专用法规中,最重要的是《大中型水利水电工程建设征地补偿和移民安置条例》,它是由《土地管理法》授权的,水利水电行业根据本行业的特点,制定的专门用于大中型水利水电工程移民的法规。

另外,在水库移民行业专用法规中还有国家发展和改革委员会和水利部颁发的一些法规,如 2007 年,国家发展和改革委员会发布的《水电工程建设征地处理范围界定规范》《水电工程建设征地实物指标调查规范》《水电工程农村移民安置规划设计规范》《水电工程移民专业项目规划设计规范》《水电工程移民安置城镇迁建规划设计规范》《水电工程水库库底清理设计规范》《水电工程建设征地移民安置补偿费用概(估)算编制规范》七项规范;2009 年,水利部发布的《水利水电工程建设征地移民安置规划设计规范》《水利水电工程建设农村移民安置规划设计规范》《水利水电工程建设征地移民安置规划大纲编制导则》《水利水电工程建设征地移民实物调查规范》四项规范;2010 年,水利部发布的《大中型水利水电工程移民安置前期工作管理暂行办法》。随着其他更为具体、细致的有关水库工程移民的法规的制定与颁布,水库移民的前期工作和实施工作将会进一步完善和规范化。

与水库移民安置有关的其他行业法规也很多。如城镇建设、铁路、公路、电力、邮电、文物、环境保护、草原、森林、矿产资源等行业的法规,以及财政、税务、物价等部门颁布的法规,只要是与移民安置有关的都要参照执行。

2.2.1.3　专项法规

专项法规目前只有一项,即 1993 年 6 月国务院颁布的经过修改于 2001 年 3 月 1 日起施行的《长江三峡工程建设移民条例》,其基本原则与《大中型水利水电工程建设征地补偿和移民安置条例》是一致的。

2.2.1.4　地方性法律法规

地方性法律法规是由有立法权的地方人民代表大会及其常务委员

会制定并认可的有关水库移民的行为规范。根据有关的法律规定，由有立法权的地方人民代表大会及其常务委员会制定的水库移民地方性法规，是该地区进行水库移民工作的重要依据之一，同样具有法律效力。目前，湖南、青海、广西、云南等省（自治区）已根据本地区的实际出台了有关水利水电工程移民的法规，如《湖南省大中型水库移民条例》《青海省大中型水利水电工程建设征地补偿和移民安置管理暂行办法》等。地方性法规是依据国家的政策法规，根据当地的实际情况制定的，是对国家政策法规的进一步细化，为执行中央的政策法规提供了保障。

2.2.2 我国的水库移民政策框架

水库移民是一项政策性很强的工作，政策的制定对做好移民工作极其重要。水库移民政策（Immigration Policy of the Reservior Region），是指国家政权机关、政党组织和其他社会政治集团为了妥善处理水库工程中所产生的移民搬迁、安置以及移民生产生活的可持续发展及其相关问题，而以权威形式或者标准化的规定在一定的历史时期内的目标、原则、任务、工作方式、一般步骤及具体措施。

我国的水库移民政策是由我国国情和土地公有制性质决定的，其总体目标是根据我国的国情，在修建大坝时尽可能避免或减少移民。在不可避免搬迁移民时，本着对移民负责到底的精神，做到一切从移民的根本利益出发，以科学的态度按经济规律办事；正确处理大坝建设与移民安置的关系，正确处理国家、集体和移民三者的利益关系，依法进行搬迁、安置移民；坚持开发性移民方针，扶持移民发展生产，使移民生产和生活达到或超过原有水平。通过有效安置移民，实现水资源的可持续开发利用与人口、资源、环境的协调发展。

我国水库移民政策是在借鉴了国际通用的某些国际金融组织相关政策的基础上，结合中国特色而制定的，主要分为搬迁安置政策和后期扶持政策。

2.2.2.1 搬迁安置政策

《世界银行业务手册——业务政策（非自愿移民）》规定："对于靠

土地为生的移民,应当优先考虑依土安置战略。这些战略包括将移民安置在公共土地或为安置移民而收购的私人土地上(我国是土地公有)。无论什么时候提供替换土地,向移民提供土地的生产潜力、位置优势和其他综合因素至少应该等同于征收土地前的有利条件。如果移民并没有将获取土地作为优先考虑的方案,如果提供的土地将对公园或保护区的可持续性造成不利的影响,或者无法按照合理的价格获取足够的土地,除了土地和其他财产损失的现金补偿,还应另行提供以就业或自谋生计机会为主的离土安置方案。如果缺乏充足的土地,应当按照世行的要求予以说明并写入文件。"

《亚洲开发银行移民手册》指出:"根据所需迁移的规模,考虑各种涉及所有有关因素的现实备选方案。可能的被迁移者和安置区组织应该参与选择最好的方案。各种备选方案一定有不同的影响,需要在迁移过程中给予不同程度的支持和协助。"

按照国际组织对非自愿移民安置的要求,结合我国国情,我国水库移民的搬迁安置主要采取了包括政府负责、社会动员和参与协商、经济补偿、协调发展、优惠待遇、多方支援等各项政策。

(1)政府负责。我国的国情决定了水库移民工作必须是政府行为,移民搬迁安置由地方政府负责组织实施。《大中型水利水电工程建设征地补偿和移民安置条例》(简称《新条例》)第五条规定:"移民安置工作实行政府领导、分级负责、县为基础、项目法人参与的管理体制。"第二十六条规定:"移民区和移民安置区县级以上地方人民政府负责移民安置规划的组织实施。"如长江三峡工程的移民安置工作实行中央统一领导、分省负责、县为基础;黄河小浪底工程移民由水利部宏观协调、两省(河南、山西)负责、县为基础的管理体制,国家南水北调移民工作也实行中央统一领导、分省负责、业主参与、县为基础的管理体制。可谓各级政府责任明确,安置移民各负其责。

(2)社会动员和参与协商。国家建设大坝,主要目的是为了抗御洪水、减少灾害损失,开发利用水能资源,为广大人民群众创造更好的生存和发展条件。但水库移民因建大坝而搬迁,确实也带来了很多困难。各级政府和有关部门通过广泛的社会宣传和思想动员工作,向移民讲清楚建设大坝的重要作用和意义;同时也要使移民知道,国家通过制定有关政策对他们实施搬迁安置,将会改善他们的生产条件和生活环境,为他们创造新的发展机会,使移民正确处理个人与国家利益的关系,从而使移民搬迁工作得到广大移民的理解和支持。同时,注重移民群众的参与协商,通过有关方式公告征地补偿标准和移民安置方案,并反复征求和听取移民意见。《新条例》第九条规定:“编制移民安置规划大纲应当广泛听取移民和移民安置区居民的意见;必要时,应当采取听证的方式。”

(3)经济补偿。以移民原有财产和经济活动情况为基础,以恢复移民原有生活水平为目标,按照移民安置规划对移民进行合理的补偿,保证移民“搬得出、稳得住、逐步能致富”,实现安置区长治久安。我国对水库移民的经济补偿补助主要包括:土地补偿费、安置补助费、青苗补偿费以及移民私有财产赔偿费。《新条例》规定:大中型水利水电工程建设征收耕地的,土地补偿费和安置补助费之和为该耕地被征收前3 年平均产值的 16 倍。土地补偿费和安置补助费不能使需要安置的移民保持原有生活水平需要提高标准的,由项目法人或者项目主管部门报审批或者核准部门批准。对移民个人住房的补偿按照原规模、原标准和恢复原功能的重置价进行补偿;工矿企业和交通、电力、电信、广播电视等专项设施以及中小学的迁建或者复建,应当按照其原规模、原标准或者恢复原功能的原则补偿。

(4)协调发展。移民安置充分考虑社区重建所必须的社会、资源、环境等要求,以环境容量为依据,实行集中安置与分散安置相结合的办法,妥善安置移民,使移民安置区经济社会与人口、资源、环境协调发展。目前,我国移民安置方式具体包括农业安置、非农业安置和兼业安置。就我国开发性移民的实践看,以大农业方式安置移民是农村移民安置的重要途径。所谓大农业安置,主要是通过土地调剂、荒地与滩涂的开发等手段进行安置,目的是使移民能够满足基本生产生活条件并可持续发展。由于我国土地资源严重短缺,许多地方人均耕地不足1亩[1],采用单一的农业安置方式难以保证移民经济条件的恢复和生活水平的提高,因此在经济条件、交通条件好的地方还应采取非农业安置,它包括兴办乡村企业、联合投资生产安置、易地投资安置、个体经济安置、农转非安置和养老保险安置。这种安置方式可以给移民增加就业门路,尤其是那些年轻移民,可以在市场经济条件下获得更大的发展空间,尽快改变落后面貌,实现脱贫致富。兼业安置,是指采取农业和非农业安置兼顾的方式安置,移民家庭在不完全脱离农业的条件下,同时通过向市场提供非农业产品或劳务以增加货币收入的活动。在我国耕地有限的情况下,实施兼业安置,可拓宽安置容量。无论采取何种安置方式,都要根据当地的实际情况,提取移民的意见,因地制宜,择优而定。要建立在自然资源与环境承载能力的基础上,走可持续、协调发展的道路。《新条例》第四条规定:大中型水利水电工程建设征地补偿和移民安置应当遵循的原则之一是"可持续发展,与资源综合开发利用、生态环境保护相协调"。

(5)优惠待遇。为妥善安置水库移民的生产和生活,国家和各级地方政府在其职权范围内,在有关方面给移民优惠待遇,如减免房屋建设、宅基地使用、农业生产恢复期的税赋,以及在土地划拨、粮食供应、电价优惠、优先就业等方面给移民以优惠。《新条例》第四十二条规定:"国家在移民安置区和大中型水利水电工程受益地区兴办的生产建设项目,应当优先吸收符合条件的移民就业。"第四十四条规定:"国家在安排基本农田和水利建设资金时,应当对移民安置区所在县优先予以扶持。"优惠待遇是使移民生产生活水平得以尽快恢复和发展的重要条件。各级政府和有关部门在不同的水库工程建设中,给予工程移民多项优惠,如三峡工程根据移民工作的需要,制定并出台了一些临时性、阶段性的优惠政策100多项。

(6)多方支援。这是指动员社会各种力量帮助移民安置。多方支援移民工作是一项十分庞大的社会系统工程,组织和动员全社会的力

[1] 1亩 = 1/15 hm^2。

量帮助和支持移民妥善安置。如有关政府部门、企业等帮助移民搬迁运输,有关社会组织帮助妇女儿童及残疾人,各行各业向移民安置区投资办企业、支援移民发展经济等活动。例如,在三峡工程的移民安置中,中央政府还制定并组织实施了较发达的省、市对口支援三峡库区各县(市)的政策,已经对三峡库区社会经济发展起到了积极的促进作用。

2.2.2.2 后期扶持政策

水库移民后期扶持政策是从我国的国情出发的,针对工程移民人数多、淹没损失大、工程周期长、投资规模大的特点,在前期补偿补助的基础上,采取的一种特殊政策,目的是恢复和提高移民生产与生活水平,使移民真正能够搬得出、稳得住、逐步能致富,也解除了移民的后顾之忧,有利于维护库区安定和社会稳定。

后期扶持政策既体现了我国政府对移民负责到底的精神,也体现了移民分享工程效益的原则。我国国情决定了水库移民不可能像国外那样实行市场化买断政策。一是我国处在社会主义初级阶段,生产力还不发达,加之与国外相比,我国单个工程的水库移民数量众多,难以承担集中赔付的压力;二是我国农村实行土地集体所有制,这种产权性质也决定了不能完全用市场化的办法。因此,这就必然要求在前期补偿补助的基础上实行后期扶持,国家在大坝建设过程中对水库移民实施安置后,再实行后期扶持政策。

后期扶持政策是通过国家设立库区维护基金、库区建设基金、后期扶持基金以及各级政府财政拨款等方式筹集资金,主要是用于改善移民安置区的交通、电力、水利、教育、通信、医疗等公共设施建设和发展生产的投资。

2.3 大中型水利水电工程建设征地补偿和移民安置条例

大中型水利水电工程建设征地补偿和移民安置,关系到广大移民的切身利益,关系到大中型水利水电工程建设的顺利进行,关系到经济发展和社会稳定。新中国成立以来,党中央、国务院高度重视移民工作,先后出台了一系列政策措施。国务院 1991 年制定的《大中型水利水电工程建设征地补偿和移民条例》(国务院 74 号令,简称《老条例》),施行 10 多年来,对规范征地补偿和移民安置工作,促进大中型水利水电工程建设发挥了积极的作用。

党的十六大以来,党中央、国务院就解决"三农"问题、统筹城乡发展、建设和谐社会等作出了一系列重大战略决策,这对大中型水利水电工程建设征地补偿和移民安置工作提出了新的更高的要求。在新形势下,《老条例》暴露出补偿补助标准偏低、移民安置程序不够规范等问题。为了给新时期的移民工作提供有效的法律保障,切实维护移民合法权益,水利部会同有关部门在认真总结实践经验的基础上,根据《中华人民共和国土地管理法》和《中华人民共和国水法》有关规定,在认真总结实践经验的基础上,制定了新的《大中型水利水电工程建设征地补偿和移民安置条例》(国务院令第 471 号,即《新条例》),并于 2006 年 9 月 1 日起开始实施。

《新条例》从保护移民合法权益、维护社会稳定的原则出发,明确了移民工作管理体制,强化了移民安置规划的法律地位,特别是对征收耕地的土地补偿费和安置补助费标准、移民安置的程序和方式、水库移民后期扶持制度以及移民工作的监督管理等问题作了比较全面的规定。

《新条例》由《老条例》的 5 章 27 条增加到 8 章 63 条,新增了"移民安置规划""后期扶持""监督管理"等几个重要章节。就新老条例总体而言,其共同点主要体现在 4 个方面:一是坚持开发性移民的方针不改变,仍然采取前期补偿与后期扶持相结合的办法,使移民的生活达到或超过原有水平;二是"分级负责、县为基础"的基本管理体制不变,县级人民政府是移民工作的组织者和实施者,担负着工作主体、责任主体和实施主体的责任;三是"以农为主"的安置模式不改变,对农村移民仍然坚持以农业生产安置为主,保证移民拥有与安置区居民基本相当的土地等农业生产资料,土地补偿费和安置补助费主要用于解决移民的生产资料和生活安排;四是"三原"(原规模、原标准、恢复原功能)的原则不改变，即对集镇及专业项目的复建，强调以现状为基础，按照“原规模、原标准、恢复原功能”的原则进行复建。

《新条例》所增加的新内容，概括来讲主要体现在7个方面：一是明确了移民工作管理体制；二是强化了移民安置规划；三是提高和统一了征地补偿标准；四是扩大了补偿范围；五是规范了移民安置程序；六是加大了移民后期扶持力度；七是加强了移民工作的监督管理。

2.3.1 明确了移民工作管理体制

统一、明确的管理体制是移民工作顺利开展的组织保障。与《老条例》相比，《新条例》取消了移民安置工作“包干”的提法，提出“移民安置工作实行政府领导、分级负责、县为基础、项目法人参与的管理体制”，并明确规定国务院和省级人民政府移民管理机构的职能是管理与监督，县级以上人民政府的职能是组织与领导。《新条例》明确了移民工作管理体制，理顺了工作关系，落实了工作责任，整合了服务移民的力量，为工程建设征地补偿与移民安置工作的高效实施提供了体制保障，能有效避免原来移民安置工作中经常出现的部门混乱、职能交叉等不良现象。

2.3.2 强化了移民安置规划

《新条例》将“移民安置规划”专门列为第二章，用法规的形式规定了移民安置规划制度。首先，增加了编制移民安置规划大纲这一环节，即《新条例》规定了移民安置规划大纲编制的内容和审批程序。将移民安置规划把关工作前移到移民安置规划大纲的编制阶段，有利于确保移民安置规划编制工作在正确的原则下进行，使安置工作更加科学、合理。其次，规范了移民安置规划的编制程序。为提高移民安置规划的科学性，《新条例》还对编制规划的指导思想、应当遵循的基本原则和程序等做了详细规定。再次，规定了设计深度的要求。《新条例》规定，对农村居民点、城(集)镇、工矿企业以及专项设施等基础设施的迁建或者复建选址，应当依法做好环境影响评价、水文地质与工程地质勘察、地质灾害防治和地质灾害危险性评估。

2.3.3　提高和统一了征地补偿标准

《新条例》相对于《老条例》最大的区别就是提高并统一征收耕地的补偿补助标准，即土地补偿费和安置补助费之和为该耕地被征收前 3 年平均年产值的 16 倍。随着我国生产力水平的提高和经济社会的发展，高速公路、商品房开发等建设项目的征地补偿补助标准也有了较大幅度的提高。经过南水北调等建设项目征地的试点，采用 16 倍的补偿标准，实践效果较好，移民能够接受。《新条例》结合土地管理法规定的上限提高并统一了补偿标准，有利于解决移民之间补助失衡的问题，并保护了移民的合法权益，充分体现了和谐社会的本质。

2.3.4　扩大了补偿范围

《新条例》适当扩大对移民财产的补偿补助范围，其内容主要有以下几点：

(1)移民远迁后，在水库周边淹没线以上属于移民个人所有的零星树木、房屋等，由于不在工程占地范围内，按照《老条例》是不予补偿的，但考虑到移民不可能将这些财产带走，《新条例》将其也纳入了补偿范围。

(2)对于补偿费用不足以修建基本用房的贫困移民，还要给予适当补助。

2.3.5　规范了移民安置程序

科学、规范的移民安置程序是维护移民合法权益、保障工程建设顺利进行的重要前提，按照提高移民工作效能、创新工作方式、增强工作透明度的指导思想，《新条例》对移民安置程序做了以下规定：

(1)创新移民安置工作方式，规范移民安置资金的支付程序。项目法人应当根据移民安置规划，与移民区和移民安置区所在的省级人民政府或者市、县人民政府签订移民安置协议；签订协议的省级、地(市)级人民政府还可以与下一级人民政府签订移民安置协议，明确各自权责关系。签订协议的地方人民政府应当根据移民安置规划，在与项目法人充分协商的基础上,组织编制并下达本行政区域移民安置年度计划,项目法人应当按照年度计划以及安置进度,将资金支付给与其签订协议的地方人民政府,由安置区人民政府统一用于安排移民生产生活。

(2)明确移民安置形式,加强安置资金的使用管理。根据实践中农村移民在本县集中安置、在本县分散安置、在省内跨县安置或者跨省安置、自愿投亲靠友等几种不同的安置形式,《新条例》规定了县内集中安置的农村移民的土地补偿费、安置补助费和集体财产补偿费的兑付方式;通过协议的方式安排县内分散安置农村移民的生产生活;跨县级以上行政区域安置农村移民的征地补偿移民安置资金的支付方式及用途;移民自愿投亲靠友跨县安置的操作程序;搬迁费以及移民个人财产补偿费兑付方式。

(3)提高移民对安置工作的参与程度,切实保护移民权益。为了保证移民的要求和意愿得到及时反映,扩大移民的知情权、参与权和监督权,减少纠纷、化解矛盾,《新条例》规定:第一,编制移民安置规划大纲和移民安置规划,应当广泛听取移民和移民安置区居民的意见,必要时,应当采取听证的方式;移民实物调查应当全面准确,调查结果应经被调查者签字认可并公示;第二,县级人民政府应当将工程征收的土地数量、土地种类、补偿范围、补偿标准和金额以及安置方案等向群众公布,若群众提出异议的,县级人民政府应当及时核查,并对统计结果不准确的事项进行改正;有移民安置任务的乡(镇)、村应当将资金收支情况张榜公布,接受群众监督;第三,土地补偿费和集体财产补偿费的使用方案应当经村民讨论通过;农村移民住房由移民建造,有关地方人民政府或者村民委员会应当规划宅基地,但不得强行规定建房标准。

2.3.6 加大了移民后期扶持力度

《老条例》虽然规定了 5 ~10 年的后期扶持期限,但并没有给出具体的扶持规划及详细说明,导致移民舍弃自身利益搬迁之后并没有得到应有的补偿,相当一部分移民至今仍没有解决温饱问题,有些甚至仍十分贫困,出现了一些不稳定因素,影响了和谐社会的发展。《新条例》特别增加了"后期扶持"这一章节，详细解释了移民的后期扶持政策，规定有关部门必须编制水库移民后期扶持规划，并明确了后期扶持的范围、期限、具体措施以及预期达到的目标，把现状人口及原状人口进行了定义，统一了扶持期限，提高了扶持标准，使得移民拥有了基本的生活保障；并完善了扶持方式，加大了项目扶持的力度，坚持开发性移民的政策，使移民在搬迁之后能够继续享受国家及政府的帮助，逐渐改善自己的生活。

2.3.7　加强了移民工作的监督管理

《新条例》增加了监督管理的环节，规定国家对移民安置和水库移民后期扶持实行全过程的监督，其中特别对水库移民的补偿、安置资金及后期扶持资金的管理给出了具体规定，要求县级以上人民政府应严格把关，定期向上一级人民政府及移民管理机构、项目法人通报有关资金拨付、使用和管理情况，并要求各级审计、监察部门切实起到审计和监管的力度，真正能够逐步建立科学合理的以监督检查、调查统计、决策方向、实施监测、验收评估为主要内容的工作监督机制。

2.4　水库移民遗留问题处理政策

水库移民遗留问题是指由于对移民安置工作处理不当，使移民生产生活水平长期得不到恢复或提高，处于贫困状态。处理移民遗留问题是对过去移民工作的失误进行补救。

我国的水库移民工作走过了一条曲折之路。新中国成立初期，我国建设的大中型水库并不多，处理移民问题较慎重，基本没有遗留问题。农村社会主义改造基本完成之后，至"文化大革命"结束，这个阶段我国兴建了大批的水库工程，但由于移民政策不健全和人为因素，产生了大量的遗留问题，主要表现在：移民生活水平提高缓慢，与非移民收入差距拉大；移民与原居民之间矛盾突出；就近、就地后靠移民安置地耕地短缺、质量差，基础设施不健全，生活不方便；部分安置区出现移民返迁现象，造成二次移民，影响水库工程的正常运行。

随着农村经济改革的发展,移民遗留问题越来越突出,经常发生移民大规模集体上访,成为社会的不安定因素,引起了国家有关部门的重视,先后制定了一系列的政策以逐步解决水库移民遗留问题。

1981 年,财政部、电力部《关于从水电站发电成本中提取库区维护基金的通知》((81)电财字第 56 号)决定,从水电站发电中每千瓦时提取 1 厘钱设立库区维护基金,用于水库防护工作和解决库区移民遗留问题。

1985 年 8 月,中央财经领导小组专门研究了水库移民问题,制定了“谁主管谁负责,谁受益谁负担”的处理原则,并决定从中央直属老水库上缴中央财政的发电利润中设立库区建设基金,集中用于解决中央直属老水库的移民遗留问题。中央直属老水库共 87 座,年发电量 600 亿 kWh,库区建设基金按每千瓦时 4 厘钱提取,每年可提取 2.4 亿元。

1986 年 7 月,国务院办公厅转发水利电力部《关于抓紧处理水库移民问题报告的通知》(国办发〔1986〕56 号),指出:“水库移民遗留问题的处理,不能简单地算老账、搞退赔,更不是按新标准重新补偿,而应帮助移民调整产业结构,因地制宜地发展种植业、养殖业、工副业等多种经营,提高移民自身发展生产能力,支持他们开发创业。有条件的地方,在开发、利用库区及水资源时,要尽可能吸收他们参加,使移民逐步脱贫致富。处理水库移民的遗留问题,必须明确‘谁主管谁负责,谁受益谁承担’的原则”。国办发〔1986〕56 号文件的颁布在中国水库移民史上具有划时代的意义,它阐明了水库移民工作的重要性,提出了开发性移民工作的方针,确定了处理水库移民遗留问题的政策界限和原则,明确了分级负责和筹集资金的渠道。

按照 1985 年 8 月中央财经领导小组办公会议纪要和国办发〔1986〕56 号文件的精神,在全国范围内开始了有计划、有步骤的处理水库移民遗留问题。中央直属水库中大多数项目,开始分批分期编制移民遗留问题处理规划,经水电部审批后逐步实施。经过 10 多年的努力,移民遗留问题中一些最突出的问题得到了初步缓解,大多数水库移民情绪日趋稳定,扭转了过去移民集体上访此起彼伏的被动局面,为社会稳定和经济发展做出了贡献。

1996 年,国家计委、财政部、电力工业部、水利部《关于设立水电站和水库库区后期扶持基金的通知》(计建设〔1996〕第 526 号)决定,从 1996 年 1 月 1 日起,对 1986 ~ 1995 年投产和 1996 年以前国家批准开工建设的大中型水电站、水库库区,设立后期扶持基金,资金来源从水力发电站的效益中提取,提取标准为每千瓦时不超过 5 厘钱,提取 10 年,主要用于扶持 1986 年以后建成的水库移民发展生产和解决遗留问题,每人每年扶持 250 ~ 400 元。

但是,解决移民遗留问题所需资金仍然显得不足,直到 2002 年,国务院办公厅转发了水利部等部门《关于加快解决中央直属水库移民遗留问题的若干意见》(国办发〔2002〕3 号文件),对水库移民遗留问题做了明确的界定,提出了用 6 年的时间(2002 ~ 2007 年)解决水库移民温饱问题,作为解决移民遗留问题的近期目标。2006 年国务院"17 号文件"出台后,水库移民遗留问题的处理基本结束,未完项目已纳入后朝扶持政策一并实施。随着这一政策的贯彻执行,水库移民遗留问题处理进入了一个新的阶段。经过几年的努力,广大移民的生产生活条件有了较大的改善,相当一部分移民的生产生活水平达到安置区所在县农村人口的平均水平,水库移民遗留问题处理取得了明显成效。

2.5　水库移民后期扶持政策

2.5.1　后期扶持产生的背景

20 世纪 50 年代末到 70 年代末,我国历经了"大跃进""人民公社""三年严重自然灾害"及"文化大革命"这些特殊的历史时期。在这期间的水利水电工程建设搬迁了大量移民,由于受当时政治经济形势的严重影响,尤其是受"左"倾思想的影响,对水库移民的复杂性认识不足,许多水库在建设中甚至没有移民安置规划,而只是简单采取行政命令的形式,盲目搬迁,草率安置。在安置时偏重生活安置,缺乏必要的生产安置。再加上搬迁中组织管理不善、补偿标准偏低、优惠政策不配套,移民的生产、生活出路都未得到妥善解决,极大地损害了移民的切身利益,产生了大量的移民遗留问题,移民不断上访、返迁,甚至到政府门前静坐。这不仅是造成移民贫困的一大痼疾,更是社会稳定的一大隐患。如何解决移民吃饭问题,已成为一个关乎社会稳定的重要因素。在这种形势下,国务院办公厅1986年7月转发水利部《关于抓紧处理水库移民遗留问题的报告》,要求有关部门和地方人民政府多渠道筹措资金,千方百计采取措施,变消极赔偿为积极创业,变救济生活为扶助生产,扶持移民脱贫致富,从根本上解决移民安置中的遗留问题。由此,在中国水库移民的历史上首次提出了后期扶持的概念。

2.5.2 后期扶持的概念

20世纪90年代,在《老条例》中提出实施"开发性移民"方针,采用"前期补偿补助,后期生产扶持"的方法安置水库移民,把后期扶持定义为:在水库移民搬迁安置后的一定时期内,对移民生产发展及生活给予扶助,使其尽快恢复和超过原有生活水平,从而实现"逐步致富"的移民安置目标的行为。随着我国水库移民社会实践的不断进行以及人类发展观的不断进步,该定义已不符合科学发展、可持续发展的要求。2002年颁布实行的《水法》第29条规定:国家对水工程建设移民实行开发性移民的方针,按照前期补偿补助与后期扶持相结合的原则,妥善安排移民的生产和生活,保护移民的合法权益;2006年5月17日,国务院以国发〔2006〕17号文件下发了《国务院关于完善大中型水库移民后期扶持政策的意见》,同年,国务院第471号令发布了《大中型水利水电工程建设征地补偿和移民安置条例》,对后期扶持的概念专章做了规定,提出了可持续发展的后期扶持的概念,要求以可持续发展为核心,实现水库移民与环境保护、生态建设和经济、社会协调发展,实现移民个体全面发展。

水库移民后期扶持政策是我国水库移民政策的重要组成部分,是帮助广大移民群众搬迁后恢复和提高生产生活水平重要的政策支撑。多年来,水库移民后期扶持政策的建立和不断补充完善以及实施的实践证明,这是一项受到广大移民群众和有关部门赞誉和拥护的利国利民的好政策。政策的实施不但使水库移民生产生活水平得到了恢复和提高,而且解除了移民的后顾之忧,达到了使移民能够搬得出、稳得住,逐步能致富的目的,维护了库区安定和社会稳定。政策也充分体现了我国政府对水库移民负责到底的精神,它代表了广大移民群众的根本利益,同时也保障了工程的顺利进行,促进了水利水电事业的可持续发展。

2.5.3　后期扶持的必要性

根据我国水库移民政策的规定,水库移民得到妥善安置的标准是:移民的生产、生活逐步达到或超过原有水平,并能实现可持续发展。要实现这一目标,后期扶持是必不可少的,其根本原因在于:水库移民是非自愿移民,是局部社会区域内的各种社会关系和构成要件受工程影响而被强制性解体并人为重组的过程,它不可能完全按照社会经济内在的规律进行,必将直接影响到移民生产、生活水平的恢复和提高。所以,水库移民搬迁后应该而且需要得到扶持和帮助,才能够尽快适应和熟悉新的社会环境、新的生产方式,逐步获得新的收入,创造新的经济来源,最终恢复甚至超过他们原有的生活水平。

水库移民后期扶持的必要性体现在以下几方面:

(1)从移民搬迁后的发展来看,需要一定时期的恢复和发展。水库移民具有非自愿性质,移民群众从一个世代休养生息、熟悉的群体和社会环境,搬迁到一个完全陌生的群体和新的社会环境中,会受到来自社会、政治、经济、人文、地理、宗族、观念、习俗等各个方面的影响和制约,要让移民群众真正融入到这个新的群体和社会环境中,有一个逐步熟悉和适应的过程,这是一个十分复杂而漫长的相互磨合即社会融合的过程。移民安置后,在新的社会环境中,新的经济结构需要建立、调整和适应;新的生产方式需要熟悉,所从事的新的产业和新的工作技术需要掌握;新开垦的土地也需要熟化,这个过程至少需要 5 ~ 10 年乃至更长的时间。如新疆恰甫其海水利枢纽工程,特克斯县淹没区的移民安置到巩留和察布查尔县后,由于海拔急剧下降,原淹没区的庄稼是一年一熟,这里是一年两熟,不仅生产方式发生了变化,就是在生产的时间上也有一个熟悉过程。再如小浪底水库淹没区河南新安县一些移民,搬迁前可以到附近的煤矿打工;当地一些私营煤矿主,收入相当可观,搬迁后这些得天独厚的优势不再具备,生产生活方式都发生了变化,需要重新学习谋生手段和本领,安置后的生活水平下降是必然的。移民经济的恢复、提高和发展需要一个过程,在这个艰难的创业和重建家园的过程中,移民需要来自社会各方面的支持,特别是来自政府的资金扶持是十分必要的,也是必须的。

(2)我国的国情决定了移民安置必须实行前期补偿补助与后期扶持相结合。我国人口多,底子薄,目前仍处在社会主义初级阶段,综合国力不强。为了满足经济社会发展的需要,必须进行大规模的水利水电等基础设施建设,开发利用水资源。在今后的20年,我国还将在长江、黄河、红水河、澜沧江、嫩江等大江大河上新建数十个大中型水利水电工程,以及建设南水北调工程。这些工程的水库移民少则几万人,多则一二十万人,移民总数估计将超过100万人。在我国社会主义初级阶段,生产力不发达,与国外相比,我国单个工程的水库移民数量众多,难以承担集中赔付的压力,而且,我国农村实行的是土地集体所有制,这种产权性质决定了不能完全用市场化的办法解决移民问题,因此为了妥善安置移民,针对水利水电工程多数属于公益性和社会效益大的项目,且投资巨大、工期长,采取前期补偿补助、后期扶持的办法是由我国国情决定的,这样做可以减轻国家一次性投资大的压力,待工程发挥效益后,再从工程效益里提取部分资金,分期投入扶持移民,这样做有利于解决工程建设资金紧缺问题,也有利于我国水利水电事业的可持续发展。

(3)移民安置工作的复杂性决定了后期扶持工作的重要性。移民安置工作是一项复杂的系统工程,不可预见的因素很多,从工程的前期工作进行实物指标调查开始,到制订水库移民安置规划、进行移民搬迁安置实施,以及移民管理和验收,特别是工程运行后还经常会发生塌岸、滑坡、水库淤积等灾害。许多不可预见因素都会影响到移民生产生活水平的恢复和提高。为保护移民的合法权益,解除移民的后顾之忧,保持库区安定和社会稳定,必须建立移民后期扶持机制。

(4)水库移民后期扶持工作是库区和安置区构建社会主义和谐社会的需要。水库移民为国家的建设做出了贡献,国家理应保护移民的合法权益。对移民进行扶持、帮助是政府义不容辞的责任和义务,而且还要有负责到底的精神。鉴于此,我国政府在不同时期,根据形势发展的需要,结合水库移民的实际制定了多项后期扶持政策,充分体现了政府对移民高度负责的精神和为广大移民群众服务的宗旨,也代表了移民的根本利益。党的十六大提出全面建设小康社会,毫无疑问是包括水库移民在内的全国人民的小康。搬迁对水库移民经济发展造成了极大的破坏,如果不实行必要的后期扶持,移民与当地群众的差距将越来越大,全面建设小康社会的目标就不可能实现。而且,如果移民问题处理不好,还将引发移民的不稳定情绪,不仅影响到库区和安置区经济发展,还将严重影响库区和移民安置区的社会稳定。

2.5.4 水库移民后期扶持政策的发展与完善

为确保国家建设顺利进行,在吸取以来的水库移民的经验教训的基础上,党中央、国务院和各级地方政府日益关心和重视移民安置工作,不断加强制度建设、加大经济投入,移民遗留问题的处理和后期扶持工作已逐步得到完善和加强。

我国水库移民后期扶持政策从建立库区维护基金开始,大体经历了5个阶段。

2.5.4.1 库区后期扶持政策的起步阶段

库区维护基金的建立,是国家专项后期扶持政策开始实施的标志。1981年6月,电力工业部、财政部联合下发了《关于从水电站发电成本中提取库区维护基金的通知》,明确自1981年1月1日起试行从发电成本中提取每千瓦时1厘钱的库区维护基金,用于水库维护和解决库区遗留问题。1984年9月,《中共中央 国务院关于帮助贫困地区尽快改变面貌的通知》中要求:“水库的发电、水费和水产、林产收入在一定时期内应以一定比例用于安排水库移民生产”,同时实行减免农业税政策。1985年7月,国务院《水利工程水费核定、计收和管理办法》规定:“尚有移民遗留问题的水库,水费可附加库区移民扶助金,用于扶助移民发展生产。"1986 年 6 月，财政部根据中央财经领导小组 1985 年 8 月 27 日办公会议决定，下发了《关于增提库区建设基金的通知》，规定自 1986 年 1 月 1 日起，从水电部直属水电站的电费收入中提取库区建设基金，按每度电 4 厘钱计算，1 年提 2.4 亿元，用于 1985 年底以前中央直属水库移民遗留问题处理。

这个阶段，先后建立了库区维护基金、水费外附加库区移民扶助金和库区建设基金，表明水库移民遗留问题开始得到了重视，扶持力度也在加大。但这一时期的政策主要是针对电力部所属水电站移民，对其他水库移民实际扶持较少，又受多种因素的影响，因此，在其他库区移民政策往往落实不到位。

2.5.4.2　库区后期扶持政策基本确立阶段

1986 年 7 月，《国务院办公厅转发水利电力部〈关于抓紧处理水库移民问题的报告〉的通知》（国办发〔1986〕56 号），进一步充实了后期扶持政策的基本内容，涉及的问题有以下几点：

（1）强调重视水库移民问题，提出水库移民为工程建设付出了代价，移民的遗留问题应从工程效益中得到合理补偿，有计划、有步骤地加以解决。

（2）明确提出了水库移民工作的方针，强调必须从单纯安置补偿的传统做法中解脱出来，改消极赔偿为积极创业，变救济生活为扶助生产，合理使用移民经费，提高投资效益，走开发性移民的路子，提高移民自身发展能力，支持他们开发创业。

（3）进一步明确了解决资金的渠道，即除了提取库区建设基金、收取水费附加库区移民扶助金外，还规定了地方所属水电站的库区建设基金提取办法由所属省（区、市）人民政府确定；若有些水库不发电或其他直接收益不多、对解决移民遗留问题仍有困难的，应按水库隶属关系分别由水电部和地方安排资金适当解决。

（4）明确规定了多渠道资金扶持，即农田水利资金、水土保持补助费、造林补助费、扶贫资金、小水电贷款、农业贷款等都要适当照顾移民安置区。

（5）明确了谁主管谁负责、谁受益谁承担的原则，同时强调上述资金应适当集中、统筹安排、专款专用、专物专用,以及加强监督管理和移民机构设置问题。

由上述可见,这个阶段的后期扶持政策内容扩展了,其适用范围和政策对象也扩大了,尤其是提出了开发性移民方针和解决资金的渠道及各类支农资金要适当照顾移民安置区,并提出了解决遗留问题的时限,这对于推动水库移民遗留问题的解决起到了积极作用。但发展也不平衡,主要是部属水库力度大,地方水库力度小,地区之间发展也不平衡。

2.5.4.3　1986年后建成投产水电站水库移民后期扶持政策确立阶段

这个阶段,以1991年2月国务院《大中型水利水电工程建设征地补偿和移民安置条例》(即《老条例》)公布实施为标志,而1993年6月国务院颁布的《长江三峡工程建设移民条例》和1996年3月国家计委等四部委《关于设立水电站和水库库区后期扶持基金的通知》对后期扶持基金政策的确立是这个阶段的主要成果。这个阶段主要有两个特点:

(1)首次以行政法规形式确认了水库移民后期扶持政策。《老条例》只适用于在建、新建的大中型水利水电工程建设的移民,但明确规定了"国家提倡和支持开发性移民,采取前期补偿、补助与后期生产扶持的办法"及"国家设立库区建设基金,用于大中型水利水电工程库区维护和扶持移民发展生产"。《老条例》还对包括后期扶持基金在内的多方面扶持措施专门做了5条规定;明确了后期扶持政策的目标、年限。2001年2月,国务院还对《长江三峡工程建设移民条例》进行了重新修订,并专列了"扶持措施"一章,内容包括设立后期扶持基金等10条,可以说是较为全面而有力的扶持措施。

(2)制定了1986年后建成投产大中型水电站水库后期扶持基金政策。国家计委等四部委根据《老条例》的要求于1996年3月颁发的《关于设立水电站和水库库区后期扶持基金的通知》(计建设〔1996〕526号简称《通知》),有以下主要内容:

①规定了后期扶持基金的适用范围是1986～1995年投产和1996年以前国家批准开工建设的大中型水电站水库库区;

②明确了基金使用范围是用于扶持库区移民发展生产和解决遗留问题；

③强调并明确规定国家实行统一的扶持政策和扶持标准及年限；

④明确了基金使用监督管理的责任。

可以说，这些明确的规定是水库移民后期扶持政策发展中的又一个突破。但是，《通知》中对1996年后批准建设投产水电站水库的后期扶持基金未做出明确规定；另外，关于以供水、防洪和灌溉为主或发电量很小的水库移民后期扶持基金，因具体扶持办法未出台而较难落实。

值得一提的是，中共中央、国务院在1994年将库区建设基金纳入了《国家"八七"扶贫攻坚计划》，1996年又在《关于尽快解决农村贫困人口温饱问题的决定》（国发〔1996〕12号）中明确要求提高库区维护基金和库区建设基金标准，表明党中央、国务院对水库移民工作的高度重视，并在这个阶段发挥了重要作用。

2.5.4.4 后期扶持政策调整发展阶段

这个阶段，以2002年1月国务院办公厅《转发水利部等部门〈关于加快解决中央直属水库移民遗留问题若干意见〉的通知》（国办〔2002〕3号）为主要标志，进入了进一步调整发展的阶段。这一阶段至今已有两个突破：

（1）在库区建设基金征收范围和标准上有突破。国务院办公厅国办〔2002〕3号文件比较全面地提出了解决中央直属水库移民遗留问题的原则、范围、目标和基本措施，突破了库区建设基金原来征收的范围，提高了扶持标准。国务院有关部门还制定了配套规定。

（2）在立法上有突破。2002年8月重新修订颁布的《中华人民共和国水法》（简称《水法》），首次以法律形式规定对我国水工程移民实行前期补偿、补助与后期扶持政策相结合的原则，实行开发性移民方针并保护移民的合法权益。特别是《水法》中所界定的"水工程移民"，很显然已包括了小型水利水电工程移民。

2.5.4.5 后期扶持政策改革完善阶段

这个阶段，我国总体上已进入统筹城乡发展、以工促农、以城带乡的发展阶段，有必要也有能力加大对水库移民的后期扶持。为帮助水库移民脱贫致富，促进库区和移民安置区经济社会发展，保障新时期水利水电事业健康发展，构建社会主义和谐社会，先后发布了《国务院关于完善大中型水库移民后期扶持政策的意见》(国发〔2006〕年17号文，2006年5月17日)、修订了《大中型水利水电工程建设征地补偿和移民安置条例》，水库移民后期扶持政策臻于完善，从而也使水库移民后期扶持工作进入了一个新时期。这个阶段主要有3个特点：

(1)体现了中共中央、国务院对水库移民的高度重视。移民后期扶持政策，由中央政治局常委会，国务院常务会议专门研究水库移民问题并做出了重要决策，这在水库移民后期扶持工作中还是第一次。

(2)国务院“17号文件”将科学发展、可持续发展的观念融入后期扶持，要求工程建设、移民安置与生态保护并重，逐步建立起库区经济发展、水库移民增收、生态环境改善、农村社会稳定的长效机制，使水库移民共享发展成果，实现库区和移民安置区经济社会可持续发展。国务院“17号文件”就完善后期扶持政策的指导思想、原则、目标、扶持范围、扶持标准、扶持期限、扶持方式、扶持资金筹集、扶持资金管理、其他影响人口的生产生活问题、政策实施的组织管理、宣传工作、监督检查等做了详细的规定。另外，国务院“17号文件”发布后，还制定了一系列的规章制度和配套文件，保证了移民后期扶持政策实施工作规范、有序的开展。

(3)《新条例》特别增加了“后期扶持”这一章节，详细解释了移民的后期扶持政策，规定有关部门必须编制水库移民后期扶持规划，并明确了后期扶持的范围、期限、具体措施以及预期达到的目标，对现状人口及原状人口进行了定义，统一了扶持期限，提高了扶持标准，使得移民拥有了基本的生活保障，并完善了扶持方式，加大项目扶持的力度，坚持开发性移民的政策，使移民在搬迁之后能够继续享受国家及政府的帮助，逐渐改善自己的生活。

历史经验已经证明：无论是在计划经济条件下，还是在社会主义市场经济条件下，水库移民都会不同程度地成为社会的一个新的贫困群体和不稳定因素，后期扶持的根本目标就是要让这个特殊群体摆脱贫困，逐步走向富裕，实现全面可持续发展，并逐步融入安置区的社会。

第 3 章　新时期水库移民后期扶持政策

第 2 章对水库移民后期扶持政策的形成、发展和完善进行了详细的阐述，并对新时期出台的国务院“17 号文件”有所提及。国务院“17 号文件”是开展水库移民后期扶持监测评估工作的政策依据，因此，本章将设专章介绍以国务院“17 号文件”为主的新时期水库移民后期扶持政策。

3.1　新时期水库移民后期扶持政策概述

新中国成立以来，我国共兴建了 3 800 多座大中型水库，这些大中型水库在防洪、发电、灌溉、供水、生态等方面发挥了巨大的效益，为经济社会可持续发展起到了重要的支撑和保障作用，大中型水库为此做出了重要贡献。为了帮助移民改善生产生活条件，国家先后设立了库区维护基金、库区建设基金和库区后期扶持基金，努力解决水库移民遗留问题，对保护移民权益、维护库区社会稳定发挥了重要作用。但由于扶持政策不统一、扶持标准偏低、移民直接受益不够等多种原因，目前水库移民的生产生活条件依然普遍较差，有相当多的移民仍生活在贫困之中。

随着经济社会的发展，移民工作以及现行移民政策不能适应新时期国家经济建设和现代化进程的矛盾越来越突出，甚至影响到区域社会稳定。因此，应对现行水库移民政策进行完善。后期扶持政策作为水库移民政策的重要组成部分，也必须作相应调整。

当前，我国总体上已进入统筹城乡发展、以工促农、以城带乡的发展阶段，有必要也有能力加大对水库移民的后期扶持。为帮助水库移民脱贫致富，促进库区和移民安置区经济社会发展，保障新时期水利水电事业健康发展，构建社会主义和谐社会，2006年5月17日出台了《国务院关于完善大中型水库移民后期扶持政策的意见》（国发〔2006〕17号文），标志着我国新时期水库移民后期扶持政策开始实施。

完善水库移民后期扶持政策，是坚持以人为本、全面贯彻落实科学发展观的具体体现。对于帮助水库移民脱贫致富、促进库区和移民安置区的经济社会发展，保障新时期水利水电事业健康发展，以及维护社会稳定和构建社会主义和谐社会、推进社会主义新农村建设具有十分重要而深远的意义。

新时期水库移民后期扶持政策具有如下特点：

（1）政策统一、科学规范。过去的水库移民扶持政策，从宏观上看，没有统筹兼顾水利和水电移民、新水库和老水库移民、中央水库和地方水库移民，政策不一、标准不一，政出多门、分头管理等。从微观上看，移民扶持主要靠年度计划来实现，由于没有规划和总体设计，年度计划项目临时拼凑，随意性大，不但存在"长官意志和关系情份"，而且没有长远目标，只能是头痛医头，脚痛医脚，再加上投入小，年年扶持，起色不大。

新时期移民后期扶持政策由中央统一制定，省级人民政府负总责。在扶持管理上，用全国统一的政策，统一的思想，统一的扶持标准，来衡量移民扶持的成效，这样就规范了移民后期扶持行为，避免了移民部门既是"运动员"又是"裁判员"的双重角色。在扶持实施上，由规划代替计划，以两个规划为主线，年度预算为基础，监测评估为手段，跟踪问效，责任和权力在地方。做到项目跟着规划走，预算连着项目下，用全国统一的规划实施和预算管理制度来保障扶持的实施，使移民后期扶持管理走上科学规范的轨道。

（2）政策相互配套。《国务院关于完善大中型水库移民后期扶持政策的意见》《大中型水利水电工程建设征地补偿和移民安置条例》和《信访条例》相继出台。把前20年移民工作好的经验和做法，上升到政策法规的层面加以确定，并针对移民工作出现的新问题和新情况，用新的政策法规予以解决。国家有关部委和省级人民政府及省直有关部门为做好政策法规的实施工作，也出台了一系列配套文件，形成了相互配套,一脉相承的政策法规体系,从而为新时期移民工作创造了良好的宏观政策法规环境,使各级政府做好移民工作也有了政策法规依据。

(3)扶持方式完善全面。国务院“17 号文件”是在总结前 20 年移民扶持以项目为主的基础上,提出了“一个尽量,两个可以”的扶持方式,即:“后期扶持资金能够直接发放给移民个人的应尽量发放到移民个人,用于移民生产生活补助;也可以实行项目扶持,用于解决移民村群众生产生活存在的突出问题;还可以采取两者结合的方式”。新时期移民后期扶持方式,从政策的层面来看,具有完善全面,符合实际,符合移民意愿的特点,体现了我国以人为本和执政为民的理念。

(4)发展为先。新时期的移民后期扶持,就是要做到尽量把扶持资金发放给移民个人,这样做不仅使移民得到了更大的实惠,而且使贫困移民当年就解决了温饱。避免了过去移民扶持以扶贫攻坚为中心,年年扶持,年年走不出“扶贫—脱贫—返贫”的怪圈。新时期移民后期扶持政策实施后,各级移民工作部门,由以稳定为主线,扶贫攻坚为中心,解决热难点为突破口的总体工作思路,转移到以构建和谐库区为主轴,科学发展为中心方面来,移民工作者的主要精力也转移到谋划移民区经济发展和移民的长远生计上,实现了两全齐美。

(5)政府服务引导。新时期移民后期扶持方式的确定权在移民,项目确定的主导权是移民,是在充分尊重移民意愿并听取移民村群众意见的基础上加以确定的。政府不能用行政命令武断决策,主要是做好引导和服务,使政府的角色由主导转为服务,避免了不符合移民区实际的“政绩工程”出现,确定扶持方式必须充分尊重移民群众的意愿。

3.2　水库移民后期扶持政策的指导思想、目标和原则

3.2.1　指导思想

国务院“17 号文件”提出的完善水库移民后期扶持政策的指导思想是:以邓小平理论和“三个代表”重要思想为指导,坚持以人为本,全

面贯彻落实科学发展观,做到工程建设、移民安置与生态保护并重,继续按照开发性移民的方针,完善扶持方式,加大扶持力度,改善移民生产生活条件,逐步建立促进库区经济发展、水库移民增收、生态环境改善、农村社会稳定的长效机制,使水库移民共享改革发展成果,实现库区和移民安置区经济社会可持续发展。

该指导思想是做好新时期水库移民后期扶持工作的总要求。主要有三层意思:第一,工程建设、移民安置与生态保护并重,切实改变"重工程、轻移民"和"重搬迁、轻安置"的观念,这是完善政策的思想基础;第二,强调继续坚持开发性移民的方针,完善扶持方式,加大扶持力度,阐明了完善政策的取向;第三,强调要逐步建立促进库区经济发展、水库移民增收、生态环境改善、农村社会稳定的长效机制,使广大移民共享改革发展成果,实现库区和移民安置区经济社会可持续发展,确定了完善政策的工作目标。

3.2.2　目标

国务院"17号文件"从水库移民工作的艰巨性和长期性出发,提出了完善后期扶持政策的两个目标。近期目标是,解决水库移民的温饱问题以及库区和移民安置区基础设施薄弱的突出问题;中长期目标是,加强库区和移民安置区基础设施和生态环境建设,改善移民生产生活条件,促进经济发展,增加移民收入,使移民生活水平不断提高,逐步达到当地农村平均水平。

3.2.3　原则

(1)坚持统筹兼顾水电和水利移民、新水库和老水库移民、中央水库和地方水库移民。无论哪一种类型的水库移民,都为服从国家水利水电建设大局做出了贡献。但是过去对水电和水利移民、新水库和老水库移民、中央水库和地方水库移民的后期扶持政策不一致,使移民不能整体上受益。因此,新的后期扶持政策兼顾水电和水利移民、新水库和老水库移民、中央水库和地方水库移民,对大中型水库移民实行统一的后期扶持政策。

(2)坚持前期补偿补助与后期扶持相结合。对水库移民坚持前期补偿补助与后期扶持相结合的原则,这是由我国国情决定的,体现了中国特色的移民政策。西方发达国家对水库移民一般采取市场化的一次性赔偿做法,基本没有后期扶持问题。而我国的国情决定了水库移民不可能像国外那样实行市场化买断政策。一是我国处在社会主义初级阶段,生产力还不发达,加之与国外相比,我国单个工程的水库移民数量众多,难以承担集中赔付的压力;二是我国实行土地集体所有制,这种产权性质也决定了不能完全用市场化的办法。因此,这就必然要求在前期补偿补助的基础上实行后期扶持,就必然要求把前期补偿与后期扶持统筹考虑。

(3)坚持解决温饱问题与解决长远发展问题相结合。一方面,我国还有相当一部分移民处于相当贫困之中,解决他们的温饱问题十分迫切。另一方面,整体上提高移民的生产生活水平是一项艰巨的任务,需要经过长期不懈的努力。因此,解决移民群众的困难,应当在解决温饱问题的同时注意解决长远发展问题,只有解决了长远发展问题,移民才能真正脱离贫困。所以,要坚持解决温饱问题和解决长远发展问题相结合的原则。

(4)坚持国家帮扶与移民自力更生相结合。国家帮扶为移民生产生活的恢复和发展创造了有利条件,是必要的。但是,要从根本上改变移民贫穷和库区落后状况,还得靠移民自力更生,发挥主观能动性,变“输血”为“造血”,将国家的帮扶与移民自身的努力有机地结合起来,要把国家帮扶作为加快发展的契机,消除消极埋怨情绪,克服“等、靠、要”思想,树立自立、自信、自强不息的奋斗精神,通过共同努力实现水库移民的安居乐业。

(5)坚持中央统一制定政策,省级人民政府负总责。移民工作涉及面广,政策性强,全国各地情况千差万别。如果全国没有统一的政策,势必造成不同地区、不同水库移民的互相攀比。所以,制定统一的政策是十分必要的。水库移民实行属地管理,省级人民政府是政策的实施主体和责任主体。省级人民政府只有结合实际,才能把政策贯彻好、落实好。因此,必须坚持中央统一制定政策、省级人民政府负总责的原则。

3.3　水库移民后期扶持政策的主要内容

过去的水库移民后期扶持政策有的只针对中央直属水库移民，有的只针对水电移民，扶持标准差异较大，扶持期限长短不一，政策不协调、不统一，新出台的国务院"17 号文件"使全国水库移民后期扶持政策得到了统一。主要内容包括以下几方面。

3.3.1　扶持范围

后期扶持范围为大中型水库的农村移民，但转为非农业户口的农村移民不再纳入扶持范围。对实行统一城乡户口制度改革政策的地区(河北、辽宁、江苏、浙江、福建、山东、湖北、湖南、广西、重庆、四川、陕西 12 省份的有关地区)，农村移民是指户口制度改革前户籍为农业户口，且现在仍从事农业生产的水库移民。将水库移民后期扶持范围界定为农村移民，是因为：①水库移民中绝大多数是农村移民。②农村移民失去了部分赖以生存的土地，目前生产生活仍很困难，是当地农村的主要贫困群体，而非农业安置移民中的困难家庭，对符合条件的可以纳入城镇最低生活保障范围。③中央把"三农"工作作为我国经济工作的重中之重，"三农"工作的难点和重点之一是水库农村移民。转为非农业户口的农村移民不再纳入扶持范围，是因为非农业户口的农村移民曾经享受过农业户口享受不到的政策、福利待遇，性质上与农业户口的移民有本质的区别，出于公平、公正的考虑，此次政策调整不再将其纳入扶持范围，但非农业安置移民中的困难家庭，可以按照有关规定将符合条件的纳入城镇最低生活保障范围。

后期扶持对象为：2006 年 6 月 30 日前搬迁的水库移民现状人口，2006 年 7 月 1 日以后搬迁的水库移民原迁人口。由于 2006 年 6 月 30 日前搬迁的水库移民绝大多数是 20 世纪建成的水库造成的，生产和生活安置水平相对较低，对移民后代的影响较大。因此，规定 2006 年 6 月 30 日前搬迁的水库移民扶持人口为现状人口。2006 年 7 月 1 日，国家开始实行新的移民政策,特别是新修订的《大中型水利水电工程建设征地补偿和移民安置条例》颁布实施后,水库移民前期补偿补助标准得到较大的提高,移民住房和基础设施建设将得到更大的改善,移民搬迁后能够较快恢复和发展生产。所以,2006 年 7 月 1 日以后搬迁的水库移民,后期扶持人口为原迁人口。

在扶持期内,中央对各省、自治区、直辖市 2006 年 6 月 30 日前已搬迁的水库移民现状人口进行核定,不再调整;对移民人口的自然变化采取何种具体政策,由各省、自治区、直辖市自行决定。对 2006 年 6 月 30 日前已搬迁的水库移民现状人口进行核定,不再调整是因为:①2006年 6 月 30 日前已经搬迁的水库移民数量庞大,且历史沿革较长,本着以人为本的原则,中央同意按照繁衍至今的现状人口予以核定;②扶持人数相对稳定,便于管理和操作;③有利于统一全国水库移民后期扶持政策,保证后期扶持资金实施总量包干管理。对扶持期内移民人口的自然变化所采取的具体政策由各省、自治区、直辖市自行决定是因为:①我国地域辽阔,各省(区、市)情况千差万别;②移民生老病死、婚丧嫁娶的情况比较复杂,涉及移民现状、政策连续性以及风俗习惯等多种因素;③照顾到各地情况的差别,给地方处置问题留有余地。

3.3.2 扶持标准和期限

对纳入扶持范围的移民每人每年标准为 600 元。扶持期限统一确定为 20 年,即对 2006 年 6 月 30 日前搬迁的纳入扶持范围的移民,自 2006 年 7 月 1 日起扶持 20 年;对 2006 年 7 月 1 日以后搬迁的纳入扶持范围的移民,从其完成搬迁之日起扶持 20 年。

3.3.3 扶持方式

后期扶持资金能够发放给移民个人的应尽量发放给移民个人,用于移民生产生活补助;也可以实行项目扶持,用于解决移民村群众生产生活中存在的突出问题;还可以采取两者相结合的方式,即"一个尽量,两个可以"。具体方式由地方各级人民政府在充分尊重移民意愿并听取移民村群众意见的基础上确定,并编制切实可行的水库移民后期扶持规划。后期扶持主要是为了解决移民群众的困难和问题,为确保移民的合法权益,确定后期扶持方式必须充分尊重移民意愿。同时,应听取为安置移民调整了生产资料的村民的意见。采用直接发放给移民个人方式的,要核实到人,建立档案、设立账户,及时足额将后期扶持资金发放到移民户;采取项目扶持方式的,可以统筹使用资金,但项目的确定要经绝大多数移民同意,资金的使用和管理要公开透明,接受移民监督,严禁截留挪用。

3.3.4 扶持资金筹集及管理

3.3.4.1 扶持资金筹集

扶持资金筹集坚持全国统筹、分省(区、市)核算,企业、社会、中央与地方合理负担,工业反哺农业、城市支持农村,东部地区支持中部地区的原则。水库移民后期扶持资金由国家统一筹措,筹集的渠道:一是提高省级电网公司在本省(区、市)区域内全部销售电量(扣除农业生产用电)的电价,提价收入专项用于水库移民后期扶持。为了减轻中西部地区的负担,移民人数较少的河北、山西、内蒙古、吉林、黑龙江、贵州、云南、西藏、甘肃、青海、宁夏、新疆 12 个省(区)的电价加价标准根据本省(区)的移民人数进行核定,原则上不再调整;如上述 12 个省(区)2006 年 7 月 1 日以后搬迁的纳入扶持范围的水库移民所需资金出现缺口,由中央统筹解决;其他 19 个省(区、市)实行统一的电价加价;二是提高电价形成的增值税增收部分专项用于水库移民后期扶持;三是继续保留中央财政每年安排用于解决中央直属水库移民遗留问题的资金;四是经营性大中型水库承担的移民后期扶持资金。

3.3.4.2 扶持资金管理

一是后期扶持资金作为政府性基金纳入中央财政预算管理。通过电价加价筹措的后期扶持资金由各省级电网公司随电费征收,全额上缴中央财政;二是财政部会同国务院移民管理机构,按照国家发展和改革委员会、财政部、水利部等部门核定的各省、自治区、直辖市移民人数和规定的标准核定应分配给各省、自治区、直辖市的移民后期扶持基金；三是财政部根据后期扶持基金的入库情况，按季向各省、自治区、直辖市财政部门拨付资金；四是后期扶持基金必须专款专用，不得挤占、截留或挪用；五是后期扶持基金直补到人的，必须建立完整的移民个人档案和后期扶持资金发放记录；用于项目扶持的，必须按项目制订年度资金使用计划；六是后期扶持资金年终结余，可以结转至下年度继续使用。

3.3.4.3　现行水库移民后期扶持基金的处理

现行的库区建设基金并入完善后的水库移民后期扶持资金；现行的库区后期扶持基金并入库区维护基金，并相应调整和完善库区维护基金的征收、使用和管理。自完善后的水库移民后期扶持政策实施之日起，现行关于征收库区建设基金和后期扶持基金的政策即行废止，各地自行批准的向水利、水电和电网企业征收的涉及水库移民的各种基金、资金一律停止征收。

3.3.5　政策实施的连带影响问题处理

政策实施的连带影响问题处理主要是统筹兼顾，安排好非农业安置移民、小型水库移民和其他拆迁人口的生产生活。

3.3.5.1　做好大中型非农业安置移民工作

对于非农业安置移民，各省、自治区、直辖市要把符合条件的大中型水库非农业安置移民中的困难家庭，纳入地方城镇最低生活保障范围，切实做到应保尽保；同时，要积极通过其他渠道进行帮扶，努力改善他们的生活条件。

三峡工程农村移民与全国其他大中型水库农村移民一样，按照全国统一的后期扶持政策执行，纳入属地管理。三峡工程的其他移民问题依照《长江三峡工程建设移民条例》办理。

3.3.5.2　妥善解决小型水库移民的困难和现有后期扶持项目续建问题

小型水库是自建、自管、自用、自利的工程，与大中型水库相比，工程占地较少，移民人数不多，一般地方政府都就近调整土地，进行了安置。所以，对于小型水库移民，不纳入国家统一的后期扶持范围。各省、自治区、直辖市人民政府可通过提高本省（区、市）区域内全部销售电量（扣除农业生产用电）的电价筹集资金，统筹解决小型水库移民的困难等问题。提价标准不超过每千瓦时0.5厘（含在建后期扶持项目的后续资金投入），具体方案报国家发展和改革委员会、财政部审批后实施。

在建后期扶持项目的后续资金投入可以通过以下几个渠道解决：一是各省、自治区、直辖市人民政府可通过提高本省（区、市）区域内全部销售电量（扣除农业生产用电）的电价筹集资金（提价标准不超过每千瓦时0.5厘）；二是从调整和完善后的库区维护基金中安排解决；三是优先纳入库区和移民安置区基础设施建设和经济发展规划中解决。

3.3.5.3　切实做好其他征地拆迁人口的工作

完善水库移民后期扶持政策可能对其他征地拆迁人口产生影响，地方各级人民政府要高度重视，密切关注这些连带影响，并不断完善对策措施。一方面，要积极做好宣传解释工作，重点讲明其他征地拆迁人口与大中型水库移民的区别，阐明后期扶持政策的实施范围，使其他征地拆迁人口明白后期扶持政策的界限。另一方面，要采取多种措施，及时解决他们生产生活中的实际困难，妥善化解矛盾，维护社会稳定。

3.3.6　促进库区和移民安置区长远发展

3.3.6.1　明确扶持重点

在提高后期扶持标准帮助解决水库移民温饱问题的同时，要继续从其他渠道积极筹措资金，加大扶持力度，解决库区和移民安置区长远发展问题，重点加强基本口粮田及配套水利设施建设，加强交通、供电、通信和社会事业方面的基础设施建设，加强生态建设、环境保护，加强移民劳动力就业技能培训和职业教育，通过贴息贷款、投资补助等方式对移民能够直接受益的生产开发项目给予支持。

3.3.6.2　落实扶持资金

解决移民长远发展问题的资金渠道有：一是现有政府性资金，包括预算内投资和国债资金、扶贫资金、农业综合开发资金以及政府部门安排的各类建设基金和专项资金，要向库区和移民安置区倾斜；二是从筹集的后期扶持资金结余中安排，用于对库区和移民安置区的扶持；三是从调整和完善后的库区维护基金中筹集。同时，地方各级人民政府要加大资金投入，鼓励社会捐助和企业对口帮扶，努力拓宽资金渠道。

3.3.6.3 做好项目规划

要以水库移民村为基本单元，按照优先解决突出问题的原则，抓紧编制库区和移民安置区基础设施建设和经济发展规划，作为国家安排扶持资金和项目的前提及依据。项目的确定要坚持民主程序，尊重和维护移民群众的知情权、参与权和监督权。规划项目一定要解决移民村基础设施和经济发展中存在的突出问题，一定要与水库移民后期扶持规划和其他专项规划相衔接。对于解决水库移民遗留问题的“六年规划”中尚未实施的项目，应优先纳入库区和移民安置区基础设施建设和经济发展规划。

3.4 水库移民后期扶持政策实施的保障措施

3.4.1 提高认识，增强工作责任感

做好移民工作，妥善解决移民群众关心的问题，使他们的长久生活有保障，关系到党和政府的威信，关系到党群关系、干群关系，关系到改革发展稳定的大局。完善水库移民后期扶持政策，加大扶持力度，是坚持以人为本、体现执政为民思想的一项重要举措，具有十分重要的意义。各地区、各有关部门要充分认识做好水库移民工作的重要性、紧迫性和艰巨性，进一步统一思想，提高认识，加强领导，明确责任，把移民工作摆上重要的议事日程，周密部署，精心组织，稳步推进，确保移民政策落到实处。

3.4.2 落实责任，加强协调配合

移民工作实行属地管理，省级人民政府对本地区移民工作和社会稳定负总责，地方各级人民政府主要负责同志是第一责任人，要有一位负责同志分管移民工作，实行一级抓一级，逐级落实责任，做到责任到

位、工作到位。国务院有关部门要按照职责分工,各负其责,密切配合,加强对水库移民工作的指导。

3.4.3　加强组织建设

在国务院移民管理机构组建之前,由发展和改革委员会牵头会同有关部门建立部际联席会议制度,及时协调解决水库移民后期扶持政策实施中出现的问题。省级人民政府要整合现有移民工作力量,明确负责移民工作的管理机构,明确职能,加强能力建设,对参与移民工作的干部要分期分批进行培训。省以下各级人民政府可结合本地实际,因地制宜地明确负责移民工作的机构。要切实加强移民乡村基层组织建设,充分发挥农村基层组织作用,配合做好移民工作。移民工作经费要纳入同级财政预算,为后期扶持工作顺利进行提供组织和政策保障。

3.4.4　制订实施方案及配套文件

各省、自治区、直辖市人民政府根据"国务院17号文件"抓紧制订本地区水库移民后期扶持实施方案,报国务院批准后组织实施。要细化实施办法,制订相关配套文件,选择若干不同类型的水库先行试点,取得经验后在全省范围内推广。

3.4.5　建立健全后期扶持监督管理机制

地方各级人民政府及其负责移民工作的机构要加强经常性的监督检查,保证资金安全,确保后期扶持政策顺利实施。审定的农村移民后期扶持人数、核实的后期扶持人口以及后期扶持资金使用管理情况,要在乡村(组)张榜公布,接受群众监督;各级监察、审计部门要提前介入,加强监督检查;各级人民政府要建立水库移民后期扶持政策实施情况的监测评估机制,加强监督、协调和指导。

3.4.6　加强宣传,维护社会稳定

各级宣传部门要坚持正确的舆论导向,为后期扶持政策的顺利实施营造良好的舆论氛围。要大力宣传国家的移民法规,配合移民部门

做好后期扶持政策的有关宣传、解释工作，充分体现党和政府对水库移民的关心和照顾。要把握好宣传报道口径，严肃宣传纪律，防止炒作。地方各级人民政府要始终注意做好维护稳定的工作，认真排查各种不稳定因素，及时化解矛盾。要耐心细致地做好移民的思想政治工作，引导移民以合理合法的方式表达利益诉求，坚持依法办事、按政策办事，确保社会稳定。

第 4 章　现有移民后期扶持配套政策分析

自国务院“17 号文件”颁布实施以后，中央各部门和各级地方政府认真贯彻落实国务院“17 号文件”，制定了一系列的移民后期扶持配套政策。这些政策的实施在维护社会稳定，促进库区和移民安置区的经济发展，提高移民生活水平方面取得了一定的成效。本章对中央和部分省(区、市)现有的移民后期扶持配套政策进行系统梳理，归纳分类，总结特点，分析配套政策在后期扶持实施中发挥的作用和成效，找出现有配套政策存在的缺陷和不足。

4.1　现有移民后期扶持配套政策及框架体系

通过收集资料和实地调查，对中央和部分省(区、市)已颁布的移民后期扶持主要配套政策进行整理，并分门别类进行归纳，梳理出现有移民后期扶持配套政策框架体系。从整体上看，移民后期扶持配套政策框架体系已具雏形，不是单项政策的“构件”的简单堆砌，而是一座由新老政策构成的初具规模的有机整体的“大厦”，只是尚需进一步完善、调整。

4.1.1　中央已颁布的后期扶持配套政策及框架体系

移民后期扶持政策实施以来，中央出台颁布的后期扶持配套政策框架包括人口管理、资金管理、规划管理、监督管理、保障措施等方面。主要政策有：

(1)人口管理政策。包括关于大中型水库农村移民后期扶持人口核定登记工作的意见、新建大中型水库农村移民后期扶持人口核定登记办法。

（2）资金管理政策。包括大中型水库移民后期扶持基金征收使用管理办法、大中型水库移民后期扶持结余资金使用管理办法、大中型水库库区基金征收使用管理办法、关于加强大中型水库移民后期扶持资金管理的通知。

（3）规划管理政策。包括大中型水库移民后期扶持规划编制工作大纲、大中型水库库区和移民安置区基础设施建设和经济发展规划编制工作大纲。

（4）监督管理政策。包括违反大中型水库移民后期扶持基金征收使用管理规定责任追究办法、大中型水利水电工程移民规划实施稽查暂行办法。

（5）保障措施政策。包括全国水库移民后期扶持政策部际联席会议成员单位职责分工、大中型水库移民后期扶持政策宣传提纲、关于抓紧做好当前移民稳定工作的紧急通知。

（6）其他综合性政策。包括关于分省大中型水库移民后期扶持政策实施方案编制的要求、关于切实做好水库移民后期扶持政策实施工作的通知、关于促进库区和移民安置区经济社会发展的通知。详见表4-1。

表4-1　中央已颁布的后期扶持配套政策

序号	类型	文件名称	颁布者	颁布日期（年-月-日）
1	人口管理	关于大中型水库农村移民后期扶持人口核定登记工作的意见	国家发展和改革委员会	2006-06-18
2		新建大中型水库农村移民后期扶持人口核定登记暂行办法	国家发展和改革委员会	2007-12-29

续表 4-1

序号	类型	文件名称	颁布者	颁布日期（年-月-日）
3	资金管理	关于加强大中型水库移民后期扶持资金管理的通知	财政部	2006-07-12
4		大中型水库移民后期扶持基金征收使用管理暂行办法	财政部	2006-07-14
5		大中型水库库区基金征收使用管理暂行办法	财政部	2007-04-17
6		大中型水库移民后期扶持结余资金使用管理暂行办法	财政部	2008-02-27
7	规划管理	关于印发在大中型水库移民后期扶持规划编制工作大纲的函	水利部	2006-09-08
8		关于印发大中型水库库区和移民安置区基础设施建设和经济发展规划编制工作大纲的函	水利部	2007-02-07
9	监督管理	违反大中型水库移民后期扶持基金征收使用管理规定责任追究办法	监察部、人事部、财政部	2007-12-15
10		大中型水利水电工程移民规划实施稽查暂行办法	水利部水库移民开发局	2008-03-06
11	保障措施	关于印发全国水库移民后期扶持政策部际联席会议成员单位职责分工的通知	国家发展和改革委员会	2006-07-24
12		关于印发大中型水库移民后期扶持政策宣传提纲和国发〔2006〕17 号文件政策解答的通知	国家发展和改革委员会	2006-08-01
13		关于抓紧做好当前移民稳定工作的紧急通知	国家发展和改革委员会	2006-08-04

续表 4-1

序号	类型	文件名称	颁布者	颁布日期（年-月-日）
14	其他综合	关于分省大中型水库移民后期扶持政策实施方案编制的要求	国家发展和改革委员会	2006-06-18
15		关于切实做好水库移民后期扶持政策实施工作的通知	国家发展和改革委员会	2006-11-14
16		关于促进库区和移民安置区经济社会发展的通知	国家发展和改革委员会等 14 部委*	2010-12-17

注：* 14 部委包括：国家发展和改革委员会、教育部、民政部、财政部、人力资源和社会保障部、国土资源部、环境保护部、住房和城乡建设部、交通运输部、水利部、农业部、卫生部、国务院扶贫办、广播电影电视总局。

4.1.2　省级层面出台的后期扶持配套政策及框架体系

各省（区、市）人民政府在移民后期扶持政策实施过程中，根据中央颁布的配套政策，结合本省（区、市）实际，制定了相应的政策配套文件。通过收集辽宁省、山东省、河南省、安徽省、福建省、湖北省、湖南省、陕西省已出台的移民后期扶持政策实施配套文件，经归纳整理，省级层面配套政策框架包括人口管理、资金管理、规划管理、项目管理、监督管理、保障措施、小型水库等方面。主要制度有：

（1）人口管理政策。主要包括人口核定登记工作管理办法、人口自然增减核定管理办法、关于后期扶持方式的意见等。

（2）资金管理政策。主要包括后期扶持资金使用管理办法、后期扶持结余资金使用管理办法、库区基金征收使用管理办法等。福建省还制定了水库移民资金县级报账制管理细则、水库移民后期扶持基金会计核算办法、移民资金财务管理系统使用管理暂行办法。

(3)规划管理政策。主要包括相关规划编制工作大纲、规划实施管理办法等。

(4)项目管理政策。主要包括项目扶持管理办法、项目公示办法、项目验收评价办法等。

(5)监督管理政策。主要包括监督检查和责任追究办法、内部审计办法等。

(6)保障措施政策。主要包括后期扶持政策实施领导小组成员单位职责分工、宣传提纲、移民稳定和移民突发事件应急预案等。详见表4-2。

表4-2　部分省级层面出台的后期扶持配套政策

省	文件类型	文件名称
辽宁	人口管理	辽宁省大中型水库农村移民后期扶持人口核定登记管理办法
	资金管理	辽宁省大中型水库移民后期扶持资金使用管理办法(试行)
		辽宁省大中型水库移民后期扶持资金直补到人发放实施细则
		辽宁省大中型水库库区基金征收使用管理实施细则
	规划管理	辽宁省大中型水库移民后期扶持规划(2006—2008)编制大纲
		辽宁省大中型水库移民后期扶持规划(2009—2013)编制大纲
	项目管理	辽宁省水库移民后期扶持项目管理办法
	监督管理	辽宁省水利水电工程移民规划实施稽查暂行办法
	保障措施	辽宁省大中型水库移民后期扶持政策解答
		辽宁省预防处置大中型水库移民突发事件应急预案
	小型水库	辽宁省小型水库移民后期扶持基金征收使用管理暂行办法
		辽宁省关于解决小型水库移民困难问题的实施方案

续表 4-2

省	文件类型	文件名称
山东	人口管理	山东省大中型水库农村移民后期扶持人口核定登记管理暂行办法
		加强大中型水库移民后期扶持人口自然变化管理的指导意见
		关于大中型水库移民后期扶持人口核定登记有关问题的意见
		跨省外迁东北三省大中型水库农村移民身份核实确认的工作方案
		山东省人民政府关于确定大中型水库农村移民后期扶持方式的意见
	资金管理	山东省大中型水库移民后期扶持资金使用管理暂行办法
		山东省大中型水库移民后期扶持结余资金使用管理暂行实施办法
	项目管理	山东省大中型水库移民后期扶持项目管理暂行办法
		关于进一步加强大中型水库移民后期扶持培训教育工作的意见
	保障措施	关于认真做好大中型水库移民后期扶持信访工作的意见
		山东省大中型水库移民后期扶持工作群体性事件应急处置预案
	小型水库	山东省人民政府办公厅关于帮扶解决小型水库移民生产生活困难问题的通知
河南	人口管理	河南省大中型水库农村移民后期扶持人口核定登记办法
	资金管理	河南省大中型水库移民后期扶持基金使用管理暂行办法
		河南省大中型水库移民后期扶持基金发放办法
		河南省大中型水库移民后期扶持资金发放实施方案
		河南省大中型水库移民后期扶持结余资金使用管理实施细则
	项目管理	河南省大中型水库移民后期扶持结余资金项目指南
		河南省大中型水库库区和移民安置区基础设施建设和经济发展规划项目管理办法(试行)
		河南省水库移民扶持规划项目竣工验收管理办法
	监督管理	关于在大中型水库移民后期扶持工作中建立效能监察机制、严肃工作纪律的通知
	保障措施	河南省大中型水库移民后期扶持政策宣传提纲
		河南省人民政府移民工作领导小组成员单位贯彻落实水库移民后期扶持政策职责分工
	小型水库	河南省解决小型水库移民生产生活困难问题实施方案

续表 4-2

省	文件类型	文件名称
安徽	人口管理	安徽省大中型水库农村移民后期扶持人口核定登记办法
	资金管理	安徽省大中型水库农村移民后期扶持基金使用管理实施细则
		安徽省水库移民后期扶持资金管理暂行办法
		安徽省大中型水库库区基金征收使用管理实施细则
		安徽省大中型水库移民后期扶持项目资金报账制管理暂行办法
	项目管理	安徽省大中型水库移民后期扶持人口和项目管理暂行办法
		安徽省水库移民后期扶持政策实施考核评价暂行办法
		关于进一步加强大中型水库移民后期扶持项目实施管理的通知
	监督管理	关于严格执行水库移民政策法规、严肃工作纪律的通知
	保障措施	安徽省大中型水库移民后期扶持政策宣传工作方案
		关于做好全省水库移民稳定工作的通知
福建	人口管理	福建省大中型水库农村移民后期扶持人口登记办法
		福建省大中型水库移民人数核定办法
		福建省大中型水库农村移民后期扶持人口登记办法有关条文及表格说明
		福建省人民政府办公厅关于完善大中型水库农村新增移民人口核定登记工作的通知
		福建省人民政府办公厅关于完善大中型水库农村新增移民人口项目扶持具体方式的通知
		福建省大中型水库农村新增移民人口登记工作有关条文说明
		关于大中型水库移民后期扶持资金发放对象自然增减问题的意见
	资金管理	福建省大中型水库移民后期扶持基金管理办法
		福建省大中型水库移民后期扶持资金发放管理实施细则
		福建省水库移民资金县级报账制管理细则
		福建省大中型水库移民后期扶持基金会计核算办法
		福建省大中型水库库区基金征收使用管理暂行办法
		福建省移民资金财务管理系统使用管理暂行办法
	规划管理	福建省大中型水库移民后期扶持规划大纲
		福建省大中型水库库区和移民安置区基础设施建设和经济发展规划编制细则
		福建省大中型水库移民后期扶持规划实施管理办法
		福建省水库移民统计报表制度(试行)

续表 4-2

省	文件类型	文件名称
福建	项目管理	关于认真做好大中型水库移民后期扶持项目实施工作的通知
		关于进一步加强和完善大中型水库移民项目和资金管理有关问题的通知
		关于建立大中型水库移民后期扶持项目实施工作简报制度的通知
		关于进一步规范大中型水库移民后期扶持项目标志牌设立工作的通知
		关于进一步规范大中型水库移民后期扶持项目公示和通知工作的通知
		关于进一步加强水库移民参与后期扶持项目管理的意见
		关于切实解决好大中型水库移民后期扶持项目实施管理中存在突出问题的通知
		关于改进和加强大中型水库移民后期扶持项目和资金管理的通知
	监督管理	福建省库区移民稽查特派员管理暂行办法
		大中型水库移民后期扶持规划实施情况稽查工作程序(试行)
		福建省水利水电工程移民资金内部审计暂行规定
		关于严格执行水库移民政策法规、严肃工作纪律的通知
	保障措施	关于成立福建省实施大中型水库移民后期扶持政策领导小组的通知
		关于水库移民政策法规宣传工作的实施意见
		福建省移民管理系统处置群体性事件应急预案
		关于抓紧做好当前移民稳定工作的紧急通知
		关于在实施大中型水库移民后期扶持政策中全面推行政务公开制度的意见
		关于深化平安库区创建工作的意见
	小型水库	福建省小型水库扶助基金和项目管理暂行办法
		关于小型水库移民扶持政策实施工作有关问题的通知
		关于建立小型水库移民扶助项目库指导意见的通知
		关于建立小型水库移民扶助政策实施情况简报制度的通知

续表 4-2

省	文件类型	文件名称
湖北	人口管理	湖北省大中型水库农村移民后期扶持人口核定登记办法
	资金管理	湖北省大中型水库移民后期扶持基金使用管理暂行办法
		湖北省大中型水库库区基金征收使用管理实施细则
	规划管理	湖北省大中型水库移民后期扶持规划编制工作大纲
		湖北省大中型水库移民后期扶持规划(2011—2015 年)编制细则
		湖北省大中型水库库区和移民安置区基础设施建设和经济发展规划(2011—2015 年)编制细则
	项目管理	湖北省大中型水库移民后期扶持项目管理办法
		湖北省移民局关于实施大中型水库农村特困移民房屋改造的通知
	监督管理	关于严格执行大中型水库移民后期扶持政策、严明工作纪律的通知
	保障措施	湖北省移民群体性事件应急预案
		湖北省大中型水库移民后期扶持政策宣传工作提纲
	小型水库	湖北省小型水库移民后期扶持资金征收使用管理暂行办法
湖南	人口管理	湖南省大中型水库移民后期扶持人口核定登记办法
	资金管理	湖南省大中型水库库区基金征收使用管理实施细则
		湖南省水库移民扶助金使用管理暂行办法
		湖南省水库移民开发管理局移民专项资金内部管理若干规定
		湖南省移民资金县级报账制实施办法
		湖南省大中型水库库区和移民安置区基础设施建设和经济发展规划项目资金管理办法
	规划管理	湖南省大中型水库库区和移民安置区基础设施建设和经济发展规划实施管理办法
	监督管理	关于对大中型水库移民后扶基金、库区基金征收使用情况开展监督检查的通知
		湖南省水库移民资金内部审计办法
	保障措施	关于处理库区移民信访突出问题及群体性事件的应急预案

续表 4-2

省	文件类型	文件名称
陕西	人口管理	陕西省大中型水库移民后期扶持人口核定登记办法
		陕西省大中型水库移民后期扶持人口年度核定管理暂行办法
		陕西省大中型水库移民后期扶持方式确定办法
	资金管理	陕西省大中型水库移民后期扶持资金使用管理办法
		陕西省大中型水库移民后期扶持遗留问题处理应急资金使用管理暂行办法
	项目管理	陕西省大中型水库移民后期扶持项目管理暂行办法
	监督管理	陕西省大中型水库移民后期扶持工作监督检查和责任追究制度
	保障措施	陕西省库区移民工作领导小组办公室关于进一步做好大中型水库移民稳定工作的紧急通知
	小型水库	陕西省小型水库移民生产生活困难问题处理的实施意见
		陕西省小型水库移民后期扶助工作实施方案

4.2 现有移民后期扶持配套政策的特点

经过对现有的移民后期扶持配套政策的归纳和分析，主要有以下特点：

（1）规范性。主要体现在移民后期扶持相关规划的编制。水利部于2006年9月8日以水移函〔2006〕421号文印发了《大中型水库移民后期扶持规划编制工作大纲》（简称“后期扶持规划大纲”）；于2007年2月7日以水移函〔2007〕26号文印发了《大中型水库库区和移民安置区基础设施建设和经济发展规划编制工作大纲》（简称“建设和发展规划大纲”），以指导各地编制大中型水库移民后期扶持规划与库区和移民安置区基础设施建设和经济发展规划。两个规划编制工作大纲分别从规划的指导思想、规划原则、规划目标、规划依据、规划范围、规划内容、资金规模、保障措施、效益评价等方面对规划编制工作进行了规范。

（2）公开性。中央及各地制定的人口核定登记、资金发放、项目管理、监督管理等办法等文件中，均强调了公开透明，接受移民群众的监督，保障了移民群众的知情权、监督权。

(3)参与性。各地制定的项目管理办法中明确在项目确定、项目实施、项目验收等项目全过程中群众参与，保障了移民群众的参与权。

(4)保障性。主要体现在资金保障、组织保障、人员保障等方面。如中央及各地制定的移民后期扶持基金、库区基金等后期扶持资金管理办法中，明确了资金的来源；相关规划编制工作大纲中要求必须明确负责移民工作的机构，落实责任。

(5)监督性。无监督，则制度如同虚设。从中央到地方各级制定的配套文件中均强调了资金、项目的监督管理，为资金安全、干部安全、工程安全提供了强有力的制度保障。

4.3　现有移民后期扶持配套政策的作用和成效

在移民后期扶持配套政策的制定过程中，中央各部门和各级地方政府认真贯彻落实《大中型水利水电工程建设征地补偿和移民安置条例》和《国务院关于完善大中型水库移民后期扶持政策的意见》，切实维护移民群众的根本利益，一切从移民群众的利益出发，因地制宜，确保各项规章制度符合本地实际、切实可行，在后期扶持政策实施工作中取得了较好成绩，基本实现了“政策兑现、管理规范、移民满意、社会稳定”的工作目标。

4.3.1　现有移民后期扶持配套政策的作用

自移民后期扶持政策实施以来，中央及地方制定了一系列管理办法、实施细则等配套政策。这些配套政策的出台，为移民后期扶持政策的顺利实施提供了强有力的制度保障，实现了有章可循、有规可依。实践证明，在移民后期扶持政策实施过程中，这些配套政策是切实可行和行之有效的，主要体现在以下几个方面。

4.3.1.1　细化了实施措施

为更好地贯彻落实国务院“17 号文件”，国家发展和改革委员会制定了《关于分省大中型水库移民后期扶持政策实施方案编制的要求》，要求各省（区、市）结合本省（区、市）经济社会发展水平和水库移民的实际情况，抓紧组织编制大中型水库移民后期扶持政策实施方案。各省（区、市）组织相关部门深入库区和移民安置区进行实地调研，采取召开座谈会、发放移民户调查表和入户调查等方式，充分了解移民生产生活方面存在的突出问题，广泛征求移民群众和基层干部对落实水库移民政策的意见和建议。在此基础上，编写完成涵盖本省（区、市）大中型水库移民现状、落实后期扶持政策的指导思想、原则、工作目标，落实后期扶持政策的措施和办法，开展后期扶持政策试点工作的安排，落实后期扶持政策的保障措施等内容的本省（区、市）大中型水库移民后期扶持政策实施方案，从而为后期扶持政策实施奠定了良好的基础。

4.3.1.2　确定了扶持范围

人口核定登记和扶持方式确定是确定扶持范围的主要内容。各省（区、市）按照中央制定的《关于大中型水库农村移民后期扶持人口核定登记工作的意见》制定了本省（区、市）的水库移民后期扶持人口核定办法、后期扶持方式确定办法。

（1）人口核定登记工作为后期扶持规划实施提供了基础数据。后期扶持人口核定登记工作涉及移民群众的切身利益，是后期扶持政策的基础性工作，也为后期扶持政策实施提供了基础数据。在移民安置人口情况复杂、资料不全、任务繁重的情况下，各省（区、市）均结合实际情况制定了水库移民后期扶持人口核定登记管理办法，并坚持政策标准，严格工作程序，走群众路线，努力做到公开透明、不错不漏，保障了后扶人口核定工作的准确性、公正性。有的省还根据人口核定的阶段不断完善人口核定工作办法和人口动态管理办法，使制定的政策能够紧密结合实际、操作性强。

如《山东省大中型水库农村移民后期扶持人口核定登记管理暂行办法》出台后，本省辖市、县均参照执行。部分市、县结合自身实际情况制定了相应的办法。《山东省大中型水库农村移民后期扶持人口核定登记管理暂行办法》中明确了人口核定的范围、依据、核定登记的方法及步骤、登记内容、资料存档方式、保障措施等，指导全省人口核定工作，具有较强的可操作性。在大规模人口核定完成后，为了纠正避免错漏等行为，保障后扶人口核定工作的准确性，山东省又开展了水库移民后期扶持政策"回头看"工作，对已核定人口去伪存真、补漏补差，收到了良好的效果。由于《山东省大中型水库农村移民后期扶持人口核定登记管理暂行办法》没有对人口自然变化做出规定，在实施中没有依据，操作困难，对此山东省出台了《加强大中型水库移民后期扶持人口自然变化管理的指导意见》，对人口自然变化做出明确规定，从而形成了一套完整的移民人口管理的制度。

(2)后期扶持方式确定是后期扶持政策实施的关键环节。后期扶持方式确定是后期扶持政策实施的关键环节。各地严格按照国务院"17 号文件"要求，遵循"一个尽量、两个可以"的原则，通过发放调查问卷、召开移民和原住村民座谈会等多种方式，在充分尊重移民意愿和认真听取移民村群众意见的基础上，制定了后期扶持方式确定办法。各地坚持以人为本，尊重民意，与当地实际相结合，后期扶持方式确定办法切实可行，保证了后期扶持规划实施的正确方向。

如《陕西省大中型水库移民后期扶持方式确定办法》中，突出强调了要尊重移民意愿，对于能核实到人的，原则上都要直补到人。对于实行项目扶持的，必须要有移民村大部分移民群众的签字同意，从而最大限度地满足了移民群众的意愿和要求。在后期扶持方式的确定过程中，陕西省各地严格执行《陕西省大中型水库移民后期扶持方式确定办法》，按照"移民自主选择、乡镇政府实施、县级政府确认、市级政府审定、省人民政府审批"的程序，合理确定扶持方式。对于能核实移民身份的，原则上都要求直补到人。从全省的总体情况来看，采取直补到人扶持方式的共 61.16 万人，占全省移民总数的 77%；对于 18.28 万生产安置人口，采取项目扶持，占全省移民总数的 23%。这一扶持方式，得到了广大移民群众的大力支持和衷心拥护。

4.3.1.3　落实了保障措施

各级地方人民政府在移民后期扶持相关规划实施中，从组织机构、宣传工作、社会稳定等方面为规划实施提供强有力的保障。

1. 组织机构

建立健全了各级移民管理机构，加强了机构能力建设。截止目前，除移民人数较少的3个省份外，全国29个省(区、市)成立了专门的移民管理机构，其中正厅级单位6个、副厅级单位11个、处级单位12个。全国有移民工作任务的315个市、2 234个县，都进一步明确或强化了移民工作机构和职能❶，从而为移民后期扶持相关规划实施提供了强有力的组织机构保障。

各级地方人民政府高度重视，依照《全国水库移民后期扶持政策部际联席会议成员单位职责分工》，成立了实施大中型水库移民后期扶持政策实施领导小组，并对各部门进行了职责分工，明确了责任，建立健全了移民管理机构，落实了移民工作经费，加强了移民干部队伍建设，提升了移民工作人员的综合素质，为移民后期扶持政策实施提供了强有力的组织机构保障。

如福建省对实施大中型水库移民后期扶持政策工作高度重视，加强领导，落实各项保障措施。首先，省长多次召开省政府常务会议，听取有关情况汇报，并就政策实施中的重大问题进行研究和部署。分管省领导多次主持召开省政府专题会议和领导小组成员会议，就不同阶段工作重点进行认真研究，制定具体工作措施。各市、县(区)党委、政府把实施后期扶持政策作为一项重大政治任务来抓，切实加强领导，扎实有效地推进政策实施工作。其次，严格落实责任。按照地方政府对移民工作和稳定工作负总责的要求，层层落实责任制，省移民开发局与9个设区市、77个县(市、区)政府分别签订了《大中型水库移民后期扶持政策实施工作责任书》，将确保政策兑现、资金安全、社会稳定的总体要求细化为具体的目标任务措施，明确了市、县(区)政府的主要责任。各地也层层签订责任状，进一步将责任层层落实，真正把地方政府是责任主体、工作主体、实施主体的要求落到实处，做到组织领导、宣传动员、协调配合、管理责任、维护稳定"五到位"。第三，建立健全机构。

❶ 摘录于水利部水库移民开发局唐传利局长2011年7月19日在大连全国大中型水库移民后期扶持监测评估工作座谈研讨会上的讲话。

从省到县,层层成立了实施大中型水库移民后期扶持政策领导小组,具体负责政府实施的组织协调和检查指导。与此同时,各地采取有力措施建立健全移民管理机构,加强政策实施工作力量。目前全省9个设区市均设立了副处级规格移民管理机构;在77个有移民工作任务的县(市、区)中,批准设立移民管理机构的有62个,指定县直有关部门兼管移民工作的有15个,全省初步形成了库区移民工作管理体系。各级政府还将移民工作经费纳入同级财政预算。第四,部门协调配合。在政策实施过程中,移民管理部门负责日常工作;宣传部门负责政策宣传的具体实施;编制部门负责解决机构编制问题;公安部门负责户籍审核和维护稳定的有关工作;信访部门积极协助和指导移民管理机构做好移民信访工作;民政部门负责对依法收养人口进行审核、对城镇户口移民的最低生活保障予以落实;水电水利部门提供有关水电水利工程建设的档案资料;财政部门负责经费保障、基金使用管理办法的制定和资金调度拨付;农村信用合作社负责直补资金发放;发展改革、国土、农业、交通等部门配合做好规划编制工作;纪检、监察、审计等部门负责对政策实施工作进行全过程监督。此外,还要组织人事、教育、劳动、粮食、档案等部门对人口登记等涉及的问题给予全力支持配合。整个政策实施工作,涉及部门20多个,大家各负其责,密切配合,形成了有效推进政策实施的强大合力。

2. 宣传工作

各地根据中央制定的《大中型水库移民后期扶持政策宣传工作提纲》编制了本省(区、市)大中型水库移民后期扶持政策宣传工作的实施方案,以指导后期扶持政策宣传工作。在宣传解释工作中,各级移民管理机构通过印发宣传资料,深入基层,走村串户,把政策精神原原本本地告诉移民群众。充分发挥乡镇政府和农村基层组织的作用,进村入户深入细致地向移民和当地村民宣传政策、讲解政策,使广大移民群众深切感受到党和政府的关怀,使当地村民理解和支持政策实施工作,为后期扶持相关规划的顺利实施营造良好的氛围。同时积极鼓励和引导移民自强自立,通过政府扶持和当地村民群众的生产帮扶,努力克服困难,尽快走上自力更生、勤劳致富的路子。通过广泛宣传和有针对性的教育引导,为全面开展后期扶持相关规划奠定了坚实的思想基础。

3. 社会稳定

为化解矛盾,维护库区和移民安置区社会稳定,各地按照中央要求,制订了排查化解库区和移民安置区不稳定因素的工作方案,以及处理突发性事件的应急措施和工作预案,为后期扶持相关规划实施创造了良好的外部环境。

如湖南省在维护库区社会大局稳定方面的措施是:首先,落实维稳工作责任。按照属地管理、分级负责的原则,进一步明确各级党委政府维稳工作责任。对库区重大信访问题,省委、省政府应集中交办。省信访局、省维稳办把接待移民信访列入重要内容。省移民局增设了政策法规处,明确信访接待职责,畅通移民诉求渠道。其次,健全快速反应机制。省移民局制定了《关于处理库区移民信访突出问题及群体性事件的应急预案》,进一步完善基层信访信息网络。移民人数在 2 000 人以上的乡镇明确一名副乡(镇)长分管信访工作,配备 1 名专干;500 人以上的移民村(居委)聘请 1 名村干部为信访信息员。形成了一个纵向到底、横向到边、左右贯通的县、乡、村移民信访网络,既保证了信访渠道的畅通,又确保在第一时间掌握移民稳定动态。再次,认真查处信访突出问题。对库区移民群众反映的在贯彻落实移民后扶政策过程中的突出问题,按照管理权限及时分流,确保有报必查。

4.3.1.4　突出了资金管理

移民资金管理是后期扶持政策实施工作的关键环节,关系后期扶持政策是否落到实处。中央先后颁布了《大中型水库移民后期扶持基金征收使用管理暂行办法》《大中型水库库区基金征收使用管理暂行办法》《大中型水库移民后期扶持结余资金使用管理暂行办法》,各省(区、市)也相继制定出台了本省(区、市)的大中型水库移民后期扶持资金管理办法、大中型水库库区基金征收使用管理办法、大中型水库移民后期扶持结余资金使用管理办法等资金管理制度,从而为后期扶持相关规划实施提供了资金保障。

如贵州省移民后期扶持资金严格按照《贵州省大中型水库移民后期扶持资金使用管理暂行办法》要求切实加强管理。各市(州、地)、县级财政部门在国有或国有控股商业银行、农村信用合作社开设“中央拨款移民后期扶持资金”专户，做到资金专户储存、专人负责、专账核算管理。在项目资金的管理上，由县级移民管理部门牵头会同财政部门与项目实施乡镇的受益移民签订“项目扶持计划书”或“项目实施合同”，县级财政部门根据移民管理部门提供的项目年度资金使用计划和移民后期扶持年度资金年度预算控制额度，按照项目实施进度直接将项目资金拨付到乡财政。乡(镇)财政根据项目实施进度拨付资金，项目实施完毕后，县级移民管理部门再会同县级财政部门对实施的项目签署项目验收审查意见，由移民村实施单位到乡(镇)财政部门办理决算报账。移民后期扶持项目当年未完工的，项目资金结转下年继续使用，已完工项目的结余资金、停建项目资金和一年内未开工的项目资金重新报批后使用。

有的省份还根据移民后期扶持相关规划和扶持项目的特色，制定了移民资金专户管理制度、移民资金预决算制度、县级报账制、会计核算制度等，突出强化了移民资金管理。

如福建省为管好用好移民资金，从规范管理入手，制定了一系列规章制度，确保从制度层面上，中央和省拨付的后期扶持资金及时下拨到各县，对移民资金的额度、来源、用途以及责任追究等做到了规范化管理；在监管层面上，基本实现监督信息化、核算电算化、管理制度化、操作程序化、政务公开化、运行规划化目标。

(1)预算制度。预算是龙头，为加强预算管理，制定了《福建省大中型水库移民后期扶持基金管理办法》《福建省大中型水库库区基金征收使用管理暂行办法》和《福建省小型水库移民扶助基金和项目管理暂行办法》，对后期扶持基金、库区基金、小型水库移民扶助基金的预算收入、预算支出、预算执行等进行了规定。每年，福建省移民局与福建省财政厅制定《福建省水库移民后期扶持资金预算安排意见》，报省政府批准后，作为各地编报年度计划和预算的依据。

(2)核算制度。根据《财政部关于加强大中型水库移民后期扶持资金管理的通知》“各地区应明确后期扶持资金的具体使用管理机构，建立健全财务会计制度”的要求，福建省移民局积极与福建省财政厅沟通协调,及时制定了《福建省大中型水库移民后期扶持基金会计核算办法》,对移民后期扶持资金会计科目的设置、使用以及会计报表的编报等进行了规范。核算办法的出台,为准确、全面核算和反映各地移民资金预算执行情况提供了制度规范。

(3)专户制度。为加强移民资金管理,确保专款专用,福建省建立了统一的移民资金专户管理制度,无论是直补到人资金,还是项目扶持资金,均由县级移民管理机构在当地农村信用合作社设立专户进行管理。

(4)拨付制度。为减少资金拨付环节,加快拨付进度,实行"151533"制度,即:省财政厅、省移民局在中央后期扶持资金季度预算指标下达的15个工作日内联合将资金预算指标下达到县级财政;县级财政在收到省下达的预算指标的15个工作日内将资金拨付至县级移民管理机构专户;直补资金按照两个"3"要求发放,县级移民管理机构必须要收到县级财政资金的3个工作日内将季度发放名册和拨付票据提交县级农村信用合作社,县级农村信用合作社必须在3个工作日内足额将资金充值到移民"一卡通",即移民个人账户。项目资金由县级移民管理机构按照县级报账制的要求,根据项目实施进度直接拨付到承建单位或劳务提供单位。

(5)报账制度。福建省移民资金实行部门县级报账制,为加强报账制管理,先后制定了《福建省水库移民资金县级报账制暂行规定》和《福建省水库移民资金县级报账制管理细则》。对报账申请的单位和依据、各阶段报账所应提供的材料、报账审核程序以及报账支付的单位和方式等都进行了具体的规定,并制定了详细的报账流程图。凡不符合规定用途、不符合项目进度、不符合支付手续、不符合财务制度等要求的,一律不得办理报账手续,不得拨付项目资金。

(6)审核制度。为加强工程造价管理,防止虚列工程量套取移民资金,福建省规定:所有按规定应招标项目,工程竣工验收合格后,项目责任主体必须将承建单位编制的工程结算书委托地方财政评审机构或有资质的社会中介机构进行审核,按规定不需要招投标的项目,工程结算书由县级移民管理机构审核。所在地市、县人民政府及有关部门另有规定的，从其规定。未经工程结算审核，不得拨付工程尾款。

(7)公开制度。为创建“阳光库区”，提高移民资金运行的透明度，福建省制定了《关于在实施大中型水库移民后期扶持政策中全面推行公开制度的意见》，对公开的范围、公开的内容、公开的办法和责任等进行了规定。一是所有资金和项目在上报审批前必须进行公示，凡未经公示或公示不符合要求的，一律不予立项审批。二是所有项目竣工决算后，项目责任主体必须按照村集体村务公开的要求，将项目决算在村务公开栏上进行公示，凡未经公示的，不得拨付项目尾款。三是所有资金和项目在审批后必须进行通告，凡未通告的，一律不得拨付资金。四是公示和通告的时间均不得少于7天。五是公示通告的情况必须进行拍照，一张为可看清具体内容的近照，一张为可辨清张贴具体地点的全景照。

在规划实施过程中，福建省对管理制度不断进行补充、完善，如针对资金管理中存在的普遍性问题，印发了《关于切实解决好大中型水库移民后期扶持资金使用管理中存在的突出问题的通知》和《关于改进和加强大中型水库移民后期扶持项目和资金管理的通知》，对资金的预算管理、报账管理、票据管理、支付管理、结(决)算管理、资产管理、电算化管理等进行了进一步的规范；针对培训项目管理较为薄弱的问题，制定了《关于进一步加强和完善库区移民培训工作的意见》，对培训方式、培训内容、补助标准和管理要求等进行了进一步的规范；针对公示、通告不规范问题，印发了《关于进一步规范大中型水库移民后期扶持项目公示和通告工作的通知》和《关于进一步规范大中型水库移民后期扶持项目标志牌设立工作的通知》，分别对公示和通告的主体、内容、方式、时间、地点等进行了规范，对项目标志牌设立统一了要求、统一了内容和格式；针对基层干部对项目和资金管理各项规定掌握不全面问题，编写了《福建省大中型水库移民后期扶持项目和资金管理手册》，将项目和资金管理的流程、具体操作方法和政策规定写得明明白白，并将手册发放到移民村。制度的建立和完善，为福建省规范管理移民资金和项目提供了有力的保障。[1]

4.3.1.5 规范了规划管理

规划是项目和资金安排的重要依据。规划管理主要包括规划编制、审批、验收及年度计划的编报、审批和执行。

规划编制的质量如何,对规划顺利实施至关重要。为指导各地编制移民后期扶持相关规划,水利部制订了《大中型水库移民后期扶持规划编制工作大纲》和《大中型水库库区和移民安置区基础设施建设和经济发展规划编制工作大纲》。有的省还结合本区域实际情况,制订了本省的移民后期扶持相关规划编制工作大纲或细则,如福建省、辽宁省、湖北省等。为保证规划的编制质量和可操作性,有的省采取多种措施精心编制规划。如福建省在规划编制过程中,坚持以科学发展观为指导,在进行充分的经济社会和移民意愿调查、收集基本资料的基础上,注重五个"突出":一是突出规划重点。按照"先生存、后发展"的原则。分清轻重缓急,从解决移民群众最关心、最直接、最现实的困难和问题着手,把两个规划前五年的重点安排为库区和移民安置区交通道路、饮水安全、家园清洁、农田水利等基础设施项目,着力解决制约库区经济社会发展的瓶颈因素。二是突出体现移民意愿。凡是列入规划的项目都必须听取移民和移民村群众的意见,做到从移民群众中来,到移民群众中去,确保移民群众在规划实施中得到实惠。三是突出组织引导。在充分尊重移民意愿的基础上,对项目的筛选注意加强组织引导,帮助移民群众正确处理好眼前利益和长远利益的关系,做到引导而不强迫,尊重而不放纵。四是突出规划衔接。把"两个规划"与原来的中央直属水库遗留问题处理六年规划衔接起来,与所在县(市、区)国民经济和社会发展"十一五"规划以及其他行业规划衔接起来。五是突出规划质量。严格按照有关政策规定和行业规范编制规划,要求凡是入选规划的项目,务必做到精益求精,切实可行。

为加强规划实施管理工作,有的省还制定了后期扶持相关规划实施管理办法,对规划编制、审批、验收和年度计划编报、审批、执行都予

---

[1] 杜平平.建章立制　强化监督.确保移民资金安全运行.福建移民,2011(3)。

以明确,使规划实施管理做到了规范化、程序化。如湖南省、福建省、河南省等,针对规划相应项目经费列支问题,有的省还制定了经费提取制度。如河北省的移民经费提取制度主要做法是:规划费参照《河北省水利规划编制工作费用计算办法(试行)》(冀水办〔2006〕18 号)执行。基础设施建设项目建设管理费、设计费、预备费等参照《工程勘察设计收费管理规定》(计价格〔2002〕10 号)执行。监理费参照《水利工程建设监理规定》(水利部〔2006〕28 号令)执行。小农水项目参照《河北省小农水工程建设补助专项资金管理办法》(冀财农〔2006〕113 号)执行。水土保持项目参照《河北省重点小流域水土保持工程管理办法》(冀水保〔2008〕60 号)执行。各项费用的提取有据可查,不擅自提高标准,不变相提取相关费用。与今后国家的费用提取标准有矛盾的,一律执行国家的新规定。

4.3.1.6　强调了项目管理

项目是后期扶持政策实施的重点,各地在完成政策兑现的基础上,进一步把工作重心转到项目的实施管理上来。虽然中央没有制定相应的项目管理办法,但随着项目规划的全面展开,为了规范项目管理,有许多省(区、市)专门制订了项目管理办法,强调了项目管理,并制定了可操作性强的制度,从项目前期、项目审批、项目实施、项目管理、项目验收、项目移交等方面进行了规范。

如河北省制定了《河北省大中型水库移民后期扶持项目管理暂行办法》,用以指导、规范项目实施管理工作。《办法》完善和规范了前期工作、实施管理、竣工验收、资金拨付、报账管理、档案管理等方面。强调各县(区、市)要根据本地大中型水库库区和移民安置区基础设施建设和发展初步规划组建项目库。项目库实行动态管理,逐级上报备案。经备案的项目库作为开展项目前期工作、安排年度计划项目的主要依据。对拟列入下一年度计划的项目要提前组织编制前期工作文件,按照分级审批的要求,分别报省、市移民管理机构审批、备案。项目前期工作文件审批后,放入项目库,在编制年度计划时根据资金规模等从项目库中筛选项目,对于实施条件成熟的项目列入当年年度计划,未列入当年计划的项目重新转入项目库,作为下年度计划安排的待选项目。

在此基础上,建立移民参与管理制、项目储备库制、招标投标制、建设监理制、进度报告制、竣工验收制。对于已建项目,组织各地加强对项目实施情况跟踪督察,对项目实施进度和资金拨付较慢的地方进行挂牌督办;及时研究解决项目实施过程中出现的新情况、新问题,确保项目质量、工期和效益;按照"项目全面竣工验收、资金全部完成决算、档案全部收集完整、评估全部按时完成"的要求,规划项目验收程序,强化预算执行管理,抓好项目总结评估,确保顺利落实。

福建省在项目管理方面的做法:一是严格投资方向。制定出台了《福建省大中型水库移民项目资金安排方案》,严格界定扶持范围,明确扶持目标,落实资金投向。二是突出扶持重点。在项目类别上,从2007年开始进一步把重点投向饮水、道路等基础设施项目;在资金安排上,进一步向山区、向基础设施条件比较落后的地方和移民收入较低的地方倾斜。三是统一补助标准。完善项目补助办法,避免引起县与县、库与库之间、同一水库不同村移民之间的互相攀比,同时,为设区市在立项审批项目,确定项目补助金额时提供依据和标准,做到精打细算、合理开支,让有限的资金发挥出最大的效益。四是加强监督管理。做到"七严七不":即严格把好项目政策关,不得扩大项目扶持范围;严格项目造价管理,不得虚报多报套取项目资金;严格按照批准的项目抓好实施,不得随意更改;严格用好管好项目资金,保证专款专用,不得出现挤占、挪用现象;严格保证项目实施效果,不得留尾巴,真正让移民群众得到实惠;严格项目验收和管护移交,不得让项目失管或资产流失;严格项目实施管理责任,不得责任混淆不清。

宁夏回族自治区针对水库移民后扶项目投资少、分布广、规模小、数量多的特点,认真总结经验,制定了《宁夏回族自治区大中型水库移民后期扶持项目管理办法》,并根据项目管理办法采取了一系列切实有效的措施。一是深入移民村组实地勘察,组织召开户主代表大会或移民代表大会,民主确定扶持项目。二是严格审查设计单位资质,建议方案先预审再上会,提高审查会的质量和项目的可批性。三是立足当前,着眼长远,紧密结合当地"十一五"规划,结合社会主义新农村建设,切实考虑安置区的可持续发展。四是进一步细化工程招标投标工作。按照单项工程投资额度大小确定招标投标形式。五是进一步修改完善项目管理办法,印发各市县执行,逐步实现项目建设管理的规范化和制度化。六是强化项目建设管理,对招投标申请、开工申请、工程进度、工程质量、进度款拨付、竣工验收等各个阶段实行全过程控制。七是在资金使用上坚持"严格预算、报账支付"的原则,强化预算约束,严肃预算管理纪律。不定期检查资金使用情况,保证后期扶持项目资金的案例和效益的发挥。八是切实完善项目移交手续,明确管理责任主体和管理模式,制订具体的管理方案,转变以往重建轻管的现象,为移民工程长期发挥效益提供保证。

贵州省在实施移民后期扶持项目管理工作中,严格按照《贵州省大中型水库后期扶持项目管理暂行办法》对移民后期扶持进行管理:一是严格项目管理原则。即移民参与原则,凡集中连片开发且集体组织实施,移民分户受益的项目,移民必须参与管理;自建自管的原则,统一规划或自主选择,由受益移民分户实施的项目,实行自建自管,移民、水利部门指导;移民自愿原则,项目变更必须取得移民的同意,体现移民意愿。二是分阶段进行管理。即分项目前期工作、项目的实施、项目的验收和项目的总结评估各阶段进行管理。三是加强对单个项目的管理。实施的公益性项目,按照基本建设程序管理。同时完善移民机构内部目标管理责任制,做到每个项目均有移民干部跟踪管理,建立每个项目的档案;实施小种植业、小养殖业、小加工业、小商业、小运输业"五小产业"项目的,由移民申请,逐级审查,县级移民部门审批实施,做到以户为单位建立后期扶持项目档案。四是建好移民后期扶持档案。采取现金直补的移民,按人头建立了文字档案和电子档案相结合的档案资料库,做到了户建卡、村建表、乡建册、县建档,实行实名制管理;采取项目扶持的无论是公益性项目还是五小项目,均建立了移民后期扶持档案,实行一个项目一个档案的建档管理模式。

河南省制定了《河南省大中型水库库区和移民安置区基础设施建设和经济发展规划项目管理办法》,提出在项目实施过程中围绕落实四个责任主体展开管理工作。一是落实行政管理责任主体,确立属地管理和县级政府责任制。全省移民年度预算项目管理工作,在省政府领导下，由省政府移民工作领导小组负责，省政府移民办公室具体承办。各级移民机构在同级政府的领导和上级移民管理机构指导下，负责本辖区的项目管理工作。财政、审计、监察、水利、交通等部门密切配合，就基金征收、项目实施、检查验收等方面按职责分工明确各自责任，确保项目管理过程的落实。二是落实项目编报责任主体。各地按照《河南省大中型水库移民后期扶持基金项目指南》以县为单位作为项目编报责任主体，每个项目经评审签字后，由财政、移民部门共同填报《财政农业专项资金管理标准文本》，并对项目的真实性、准确性和完整性负责。经省辖市移民机构审核汇总，同时征求同级财政部门同意后，报省财政厅、省政府移民办公室审批下达执行。三是落实项目实施管理责任主体。年度预算项目下达后，县级移民部门对每个项目建档立卡，并负责实施。由省(市)移民、财政部门进行监督检查。项目竣工后，依据项目前期工作审批权限实行省、市两级验收。四是落实项目运营管护责任主体。项目竣工验收移交后，落实项目运营管护责任主体，做到产权归属不明晰的不验收，管护责任主体不落实的不验收，管护人员不到位和规章制度不健全的不验收，移民不满意的项目不验收。从近几年验收的项目情况看，效益显著，移民满意度在86%以上。

4.3.1.7　加大了监督检查

加强监督检查工作是深入贯彻国务院"17号文件"，进一步做好后期扶持政策实施工作的关键环节，也是维护移民合法权益、提高移民工作管理水平的重要手段。中央颁布了《违反大中型水库移民后期扶持基金征收使用管理规定责任追究办法》《大中型水库移民后期扶持相关规划实施稽查管理暂行办法》《大中型水库移民后期扶持资金内部审计暂行规定》。各省(区、市)也根据中央的办法制定了具可操作性的监督检查制度。

如福建省为确保移民资金管理的各项制度落到实处，采取多种方式加强监督。

(1)在线监督。福建省先后开发启用《福建省大中型水库移民后期扶持基金管理系统》和《福建省移民资金财务管理系统》。一是加强对资金直补对象的管理。福建省建立了直补移民档案数据库，该数据库在互联网上对外开放,享受资金直补的移民,均可通过此数据库进行查询。二是加强专户资金监控。对77个县级移民资金专户收支数据进行在线监控,及时、准确、全面地掌握全省各地移民资金运行和专户资金结存情况。三是加强单笔资金拨付监督。对每一笔资金所支付项目和支付金额进行事前控制,有效杜绝超预算拨付资金和预算外拨付资金现象的发生。四是加强财务数据的在线监控。省、市两级通过查看各地的记账凭证和扫描上传的原始凭证、对所属单位具体每笔资金的拨付单位、票据凭证和报账资料等进行在线监控,有效防止违规违纪现象的发生。

(2)审计监督。一是积极配合审计部门进行审计监督。后期扶持规划实施以来,审计署太原特派办和广州特派办先后对福建省移民资金管理使用进行了专项审计;省审计厅对全省后期扶持资金使用管理情况开展了全面审计;地方审计部门也开展了多次专项审计。二是加强内审监督。为做好内部审计工作,福建省移民局积极争取省直有关部门的支持,成立了监察审计处;制定了《福建省水利水电工程移民资金内部审计暂行规定》,对内部审计范围、审计内容、审计职责、审计权限、审计程序、违规处理等方面的内容进行了规定。还采取了委托社会中介机构审计、组织市、县(区)交叉审计等方式,加强资金使用管理的内审监督。

(3)福建省把移民稽查,作为强化移民资金和项目监管的一项重要工作,作为深化大中型水库移民后期扶持相关规划实施的一项重要举措,制定了《福建省移民稽查特派员暂行办法》和《大中型水库移民后期扶持规划实施情况稽查工作程序(试行)》。《稽查特派员暂行办法》对稽查特派员的聘任条件、特派员主要任务、特派员权利和义务、稽查工作纪律等方面的内容做出了规定;《稽查工作程序》从稽查任务的提出、方案的制订、举报的受理到报告的撰写、整改的落实、资料的归档等二十个方面对稽查程序及具体内容进行了详细的规定。通过稽查,有力地促进了各项制度的落实,达到了解情况、发现问题、督促整改、规范管理的目的。

(4)纪律监督。一是严格按照监察部、人事部和财政部联合印发

4-1)。在后期扶持生产开发项目管理方面,目前各地都在积极探索移民增收和库区发展的长效机制,有的地方通过委托培训、订单培训等办法,帮助移民就业;有的地方通过预期抵押、贴息贷款等金融手段,帮助移民搞好生产经营;有的地方通过组建移民专业合作社、扶持龙头企业,引导移民发展特色产业;有的地方通过建设移民企业园、生产基地,增加移民村组的经济实力等(详见案例4-2、案例4-3)。

【案例4-1】 安徽省移民后期扶持基础设施项目自建机制。

2007年,安徽省将大中型水库移民后期扶持工作列入全省民生工程,并在全国首创了库区移民项目村民自选、自建、自管、自用和政府监管服务的机制,由民选的"移民理事会"从民选的项目中,确定自建项目的地点、形式。截止目前,安徽全省已实施水库移民后期扶持项目8 700多个。4年的时间,建设程序和实施办法已成熟,村民自建机制深得民心。

(1)主要做法。

安徽省创新农村公共建设管理,把水库移民后期扶持项目资金的所有权、建设权交给移民群众,实行村民自主建设和政府监管服务机制,主要做法如下:

后扶项目投资直接核准到移民村,项目选择由村民民主决定。安徽省依据移民人口等情况,核定下达各县(区)项目投资总量,县(区)分解到村,村按投资量依照村民意愿选择建设项目,经县(区)审核报省水库移民管理局核准备案,县级移民管理部门审批项目实施方案,村民组织自建。

项目实施建管分开,相互制衡。由村民大会民主选举的理事会作为项目建设主体,负责施工组织、材料采购、人员派工、设备租赁和财务管理等。村委会作为项目的责任主体,负责监督理事会、协调建设条件和审查账务等。

实行村民自建和有偿劳务。对村民能够自建的项目,不实行招标投标,由村理事会组织村民自建,并参照当地劳务工资支付报酬。对工程技术含量较高、村民无力实施的项目,由村理事会自主招标。

资金管理实行公示制和报账制。村项目建设理事会将投资明细支出在村内张榜公示，接受村民监督；公示无异议后办理县级报账，县级财政部门将项目投资直接拨付到村指定账户，接受政府监管。

政务公开，取信于民。安徽省除出台文件实施村民自建外，还印发《致全省大中型水库移民群众的一封信》，进村入户张贴，把政策交给村民百姓。

(2)实施成效。

经过3年多实践，村民自选、自建、自管、自用的建管机制得到了农民的极大拥护，相对于以往政府代建，显现出无比的优越性和生命力。

村民自建使政府专项投资直接落实到村。2008年、2009年，安徽省安排后扶投资7.6亿元，99%以上直达到村。来安县半塔镇党委副书记李本业反映："我干了15年镇干部，从来没有见过国家投资像这样'一竿子'到底，没有任何跑冒滴漏。"这充分体现出服务型政府和干部的公仆形象，同时阻断了国家对农村的投资被层层挪用和截留的途径。

村民自建大幅度降低建设成本。村民自建与政府代建发包相比，建设成本一般降低1/3左右。节省投资构成：就地取材，就地用工，用地拆迁以村内协商调剂为主；省去了承建商的利润（15%以上）、监理费（3%）、招投标费（3%）、吃喝打点、管理费和税金等。歙县柘林村护岸工程，按现行定额预算造价56万元，自建仅用37.6万元，节省投资33%。

村民自建使农民从劳务中再受益。农民利用国家投资建设自己的家园，并从劳务中获得报酬。农村公共基础设施建设，建筑材料费用比重较小，劳务费用比重较大，一般占项目总投资的30%～60%。金寨县汤店村项目投资39万元，其中移民群众劳务费高达21.5万元，占工程投资的55%。

村民自建使农民真正成为新农村建设的主人。建设项目和建设方式选择让农民说了算，建设过程公开透明；政府不再直接操作具体建设，致力于做好技术服务和资金监管，干部树立了良好的公仆形象，杜绝了建设过程中的不正之风和腐败现象。正如群众总结的那样：村民自建让"项目实实在在，资金明明白白，干部干干净净，群众高高兴兴”。

(3)重要意义。

村民自选、自建、自管、自用和政府监管服务机制，变官本位为民本位，变代民作主为由民作主，规范了政府的服务职能和权力运用，维护了农民建设家园的决策权、参与权和监管权。

村民自建确立了农民建设新农村的主体地位。农村第一步改革把生产经营自主权交给农民，取得了世人瞩目的伟大成就。村民自建把农村公共建设的自主权交给农民，农民真正当家作主，建设成本大大降低，干群关系得到改善。

村民自建有利于服务型政府建设。农村公共建设改政府代建为村民自建，消除了政府部门既是运动员又是裁判员带来的监管缺失，强化了政府应尽的监管服务职能。

村民自建机制符合村民自治和农村“一事一议”制度。村民自建机制实质是由移民群众当家作主，项目理事会民主选举，建设项目和建设方式民主决策，民主建管，充分体现民事民治和民事民办，有利于深化村民自治和“一事一议”制度。

农民完全具备自主建设能力。我国改革开放以后，大批农民外出打工，现在城市建筑工地和国家建设工程的劳务基本上是由农民提供的，因此农民中不乏能工巧匠，完全有能力建设好自己的家园。农民在家门口干自己直接受益的工程，建设热情最高，责任心最强，内在动力最大。

【案例4-2】 湖南省移民产业开发机制。

湖南省通过产业开发，全省库区建设了一批以种养殖业为主，有规模、有特色、有市场的产业基地和支柱产业，促进了库区经济的发展。探索的一些做法是：①规划引导。省移民局牵头组织编制了为期5年的油茶、茶叶、水产、水果四大产业发展规划，各市（州、县）根据自身特点，对本地的特色产业、重点产品发展也相应编制了规划和方案，较好地引导了全省移民产业健康发展。②龙头带动。如湖南省茶业有限公司、生物公司、李文食品公司、金浩茶油公司、东江湖鱼公司、安化“阿香”果品产业合作社等龙头企业，与库区移民结成利益共同体，实现了企业增效、移民增收。③整合投入。通过加大移民后期扶持资金投入比例、农业综合开发专项资金倾斜、扶贫开发贴息贷款、引进外资投入和鼓励民间投入，推动了优势产业的规模化、集约化经营。④优化环境。通过依法维护移民合法权益，加大移民技能培训力度，强化移民资金管理和抓好典型示范等工作，营造了服务产业发展的良好环境。库区各地按照农业产业化经营的要求，在产业开发上实行了龙头企业与移民利益、生产基地与产业化链条、库区产业与国内外两个市场多样化的利益联结机制；在资金投入上探索尝试对产业开发实行有偿投入、滚动开发的投入机制。

【案例4-3】 青岛市移民后期扶持项目发展模式。

青岛市按照库区移民村的地理位置、发展现状及拥有的自然资源等因素，把现有库区移民村概略地分为三大类：一是城镇经济辐射型近效移民村。这部分移民村大多土地资源少，基础设施比较完善，道路、通信、水、电、教育、医疗基本配套，经济基础较好，非农收入较高。二是远离城镇的规模农业区移民村。这些移民村拥有一定的基础条件和生产要素，土地承载力相对较强，以发展规模农业为主。三是边缘地区移民村。这部分移民村多数属于自然环境条件特别恶劣，土地贫瘠，投入产出率低下的传统农业型移民村。

针对第一类近城镇移民村，虽然土地资源匮乏，但基础设施相对齐全，村级经济比较雄厚，本着节约集约用地原则，充分利用地域优势和环境优势，打破时间和空间的约束，采取走出去的办法，到开发区（工业园区）集中财力建设一批工业厂房外租等生产发展类项目，主要是一些投资少，见效快，风险小的项目。项目建成后制定了项目的长效运行机制和收益分配机制，确保库区移民长期稳定收益。如黄岛移民村合资建设“外来务工人员公寓”项目，黄岛区8个移民村，在人均不足0.28亩的山岭薄地的情况下，充分考虑地域优势和开发区的环境优势，由所在街道办事处组织专业部门负责工程建设的规划设计、立项审批、组织实施、质量监管和检查验收，项目验收结束后，街道办事处与8个移民村进行了产权移交，明确了各村所占资产比例；8个移民村以扶持资金入股，成立股份公司，推举1个村书记为董事长、2个村书记为董事、5 个村书记为监事，按照《中华人民共和国公司法》建章立制，全面负责公寓的经营和管理，项目收益由公司按各村入股资金占项目总投资的比例分红，所得红利用于移民群众福利和移民村社会公益事业。区移民办每年对公司经营和各村红利使用情况进行监督检查。产权的明晰使移民群众吃了"定心丸"，主管部门的监督为维护移民群众利益提供了可靠保障。在外来务工人员比较集中的位置建设"外来务工人员公寓"对外出租，每年收入 100 多万元，一方面用于补贴移民生产生活，另一方面减少了因外来务工人员杂乱居住带来的社会不安定因素。城阳区在工业园为移民村建设通用厂房出租项目 31 800 多 m^2，年租金近 300 万元，人均年增收达 390 多元。这些项目给移民带来了实实在在的实惠，并解决了长期受益和发展问题。

针对第二类移民村，在全面加强基础设施建设，完善公益设施建设的基础上，充分利用土地资源较好的优势，着力发展既有一定生产规模，又有地方特色的地理标志性产业项目。例如，随着平度的大泽山镇葡萄种植产业的壮大和发展优势，紧随葡萄节的发展，唱响山区主旋律，移民村选择了建设葡萄长廊项目，伴生了生态旅游，带来了农家宴山庄等辐射链条。据统计建成后每斤葡萄单价增长 30% 左右，平均每个家庭增收 3 000 多元。移民的收入明显增加，当地经济季节性活跃。莱西市马连庄镇东岚桑村、鲁格庄村联手筹建的果蔬批发市场项目，在莱西市发展"南菜北果"的大框架下，以移民后期扶持资金为股份本金形式投入，并参与市场管理。一方面直接受益，库区移民通过分红长期受益。另一方面体现间接效益，依托该批发市场，鼓励周边库区移民村发展大棚种植业，每建设一亩大棚补助 2 000 元。此举得到了库区移民的大力支持，今年新建各类大棚 1 000 多个，基本形成了产业化发展规模，使今年生产的小甜瓜每斤增加 1 块钱。一期工程建成后一年多的时间里，发展成为年交易量 10 亿 kg、交易额 10 亿元以上的大型果蔬批发市场，收益比较可观，产生了产业链效应，起到了"建一个市场、兴一片产业、活一方经济、富一方百姓"的效果。

第三类传统农业型移民村，土地承载力差，投入产业率低下，生活环境恶劣。在努力搞好移民群众最关心、最直接、最现实的基本生产生活项目的前提下，制订移民培训专项规划，加快农村人力资本的投资，积极发展劳务经济，采取多种形式、多种途径、多种机制来发展教育培训，并给予技术支持，引导教育移民群众，鼓励富余劳动力外出就业。一是为农民工外出务工创造条件，促进农村移民劳动力向二、三产业转移、向城镇转移，能够走进城镇、融入城镇、扎根城镇。二是围绕高效农业和附加值比较高的特色农业，进行农村实用人才培训，提高务农技能，促进科学种田。如平度市对富余劳动力实施分类培训，一是实施果树技术等农业实用技术培训，提高生产能力；二是对外出务工人员进行订单培训，实施电工、钳工技术等外向型专业技能培训，拓宽谋生渠道，在移民自愿的基础上培训一个、推荐一个、就业一个，收益明显，移民反应良好。

4.4　现有移民后期扶持配套政策的缺陷

随着经济社会形势的不断发展变化和移民后期扶持政策的全面实施，实施过程中遇到一些新情况和新问题，日益暴露出现有移民后期扶持配套政策的缺陷。

4.4.1　移民后期扶持政策实施存在的问题

尽管中央和各地制定了一系列的后期扶持配套政策，有力地促进了后期扶持政策的实施，但是，随着我国经济社会形势的不断发展变化，移民后期扶持政策实施过程中遇到了一些新情况、新问题，尤其是后期扶持政策实施5年来，出现了一些制约后期扶持政策实施的问题，突出表现为以下几方面。

4.4.1.1　移民管理机构建立健全问题

水库移民后期扶持工作关系库区和移民安置区群众切身利益和社会稳定大局，涉及面广、情况复杂、实施难度大，必须在政府的统一领导下，建立常设机构开展工作。目前，中央层面还没有建立常设的移民管理机构；有的地方移民管理机构还存在临时组建、规格偏低、编制偏少、人员不足的问题。

国务院在机构设置和机构“三定”方案中，没有明确水库移民工作的隶属部门，更没有明确移民工作的具体职能。尽管在国务院“17 号文件”中，要求“抓紧研究组建统一的国务院移民管理机构”，新修订的《大中型水利水电工程建设征地补偿和移民安置条例》也要求国务院成立移民管理机构，但到目前为止，国务院一直没有成立专门的移民管理机构。自国务院“17 号文件”颁布后，水库移民后期扶持工作由部际联席会议负责，部际联席会议的牵头单位为国家发展和改革委员会，联席会议下设办公室，办公室主任由发展和改革委员会农经司司长担任，常务副主任由水利部水库移民开发局局长担任，各省设立的移民机构与国家发展和改革委员会及水利部的关系不完全是直属关系，协调难度大。

为协调解决水库移民后期扶持政策实施中出现的问题，从中央到地方，都建立了由相关部门组成的联席会议制度，但各部门之间的协作、配合并不理想。一是信息传递不畅通，资金拨付周期长。根据有关规定，移民部门管项目，财政部门管资金。但从实践看，由于多方面因素的影响，项目资金的拨付往往比规定时间滞后半年甚至更长，严重影响项目施工的进度。二是协作机制不健全，项目验收不及时。移民项目完成后，竣工验收需要移民、财政、审计、监理、政府办公室等多家机构参加，由于缺乏协调，各相关机构很难同时集合，往往造成人为的验收拖延现象。一方面导致后扶资金大量挂账，利用效率不高，另一方面又长期占用施工方的垫付资金，移民、项目村、施工方均有意见。三是管理机构不健全。尽管各级地方人民政府乘国务院“17 号文件”的东风在一定程度上建立健全了移民管理机构，但目前地方人民政府的移民管理机构建设呈现参差不齐的局面，无论是机构性质、级别，还是挂靠部门、人员编制和工作经费，都是百花齐放，这必然导致工作措施、管理手段和工作效果上的很大差异。尤其是县级移民管理机构还存在归口不一致、规格低、编制少、内设机构不全、人员配备不足、专业人才缺乏等问题，如一些县级移民管理机构刚刚建立，人员配备不足、工作力量薄弱；一些机构人员到位率低，真正到位的移民干部只有一两个，有的县只有一两个兼职人员在负责；还有一些机构缺少工程技术方面的管理人才，与繁重和艰巨的移民工作任务还不相适应。这些问题的存在逐渐成为制约移民后期扶持政策实施工作正常开展的瓶颈问题。

4.4.1.2 移民工作经费落实问题

稳定的经费保障是做好后期扶持政策实施的基础。国务院“17 号文件”明确规定，各级移民管理机构工作经费要纳入同级财政预算。但是在这个问题上，大多数地方执行得并不是很好，各级移民管理机构普遍存在工作经费不足问题，已成为制约后期扶持政策实施工作有效开展的重要因素。

4.4.1.3 规划编制问题

第一个五年后期扶持相关规划编制因时间紧、编制匆忙、操作性不强，尤其是项目规划资金盘子确定走了弯路，在规划投资人均基数确定的情况下，经过几次反复，规划初期没有明确资金来源，各地也存在多争取投资的心态，人均投资基数定得偏高，造成前期规划投资盘子偏大。在规划实施过程中，后期扶持相关规划与年度计划项目因移民意愿发生变化，导致项目变化较多，而规划调整也未能及时报批。再加上近几年政府其他惠农政策力度较大，与后期扶持规划项目重复较多等原因，后期扶持相关规划已不具备指导意义。另外，一些地方编制的“十二五”后期扶持相关规划存在扩大范围、突破规模、项目不实等突出问题，没能很好地根据规划编制工作大纲要求，正确处理好需要与可能、全面与重点、发展与稳定的关系，使规划难以成为推动发展、促进增收、改善民生、维护稳定的规划。

4.4.1.4 后期扶持人口界定和扶持标准问题

2007 年底国家发展和改革委员会出台了《新建大中型水库农村移民后期扶持人口核定登记暂行办法》，规定 2006 年 7 月 1 日以后新建的大中型水库淹地不淹房不需要搬迁安置的生产安置人口，可以登记为后期扶持人口；而国务院“17 号文件”明确规定，2006 年 6 月 30 日以前建设的水库后期扶持对象为搬迁的农村移民，不搬迁的生产安置人口不享受后期扶持政策。前后政策的变化，新老移民之间攀比已经露出苗头。

各地移民人口核定登记政策存在标准不一的问题。由于国务院

"17 号文件"存在一定弹性,导致了各地在政策执行上的差别。如在扶持范围上,特别是对于出嫁(入赘)人口、农转非移民、大坝工程占地移民等人群是否列入扶持范围的问题上,各省存在较大差别,造成跨省安置移民的相互攀比,引发了一些不稳定因素。

在 2006 年的移民人口核定中,由于受多种因素的制约,一些地方出现了遗漏现象。虽经近几年的内部消化,仍然有一部分漏登人员难以解决。同时,移民人口自然减员的核减工作没有引起基层组织的足够重视,视而不见、隐瞒不报、互相包庇的现象都一定程度地存在。一方面是漏登人口不能享受后扶待遇,另一方面是减员人口还在"吃空饷",由此引发的移民上访事件时有发生。

尽管完善后的移民后期扶持政策,提高了扶持标准,但相对于移民存在的问题和困难来说,扶持标准还是比较低的。特别是随着物价上涨,每年 600 元的效应将逐年递减,因此移民后期扶持标准,应随着经济发展和物价水平的上升逐步提高。

4.4.1.5 后期扶持资金征收问题

截至 2010 年底,中央累计筹集后期扶持基金 786 亿元,累计拨付 683 亿元,其中用于后期扶持规划的资金达 611 亿元;全国项目规划累计安排投资 199 亿元(其中:中央拨付后期扶持结余资金 72 亿元、地方征收库区基金 40 亿元),完成投资 179 亿元;有 24 个省(区、市)开征了 0.5 厘钱电价加价资金,累计征收 28.6 亿元;有 22 个省(区、市)开征了库区基金,累计征收 40 亿元。[1] 由此可见,移民后期扶持资金中存在库区基金和小型水库移民后期扶持资金征收范围小、额度不足问题。

目前,中央制定了后期扶持基金、库区基金征收使用管理办法,对后期扶持资金的来源进行了明确;各地也基本制定了本省(区、市)的后期扶持基金、库区基金征收使用管理办法。因后期扶持基金是全国统筹、分省(区、市)计征,各省(区、市)的资金有保障。但库区基金是

---

[1] 摘录于水利部水库移民开发局唐传利局长 2011 年 7 月 19 日在大连全国大中型水库移民后期扶持监测评估工作座谈研讨会上的讲话。

分省统筹，其中，省级辖区内大中型水库的库区基金，由省级财政部门负责征收；跨省、自治区、直辖市的大中型水库库区基金，由财政部驻发电企业所在地区财政监察员专员办事处负责征收。目前，全国有22个省（区、市）开征了库区基金，有的省（区、市）的库区基金还没有征收上来（如辽宁、江苏、西藏），尤其是涉及跨省、跨国水电站库区基金暂行征收不上来（如辽宁、吉林），导致库区基金征收额度不足，影响了项目规划的实施。

目前，全国有24个省（区、市）开征了扶持小型水库移民的0.5厘钱电价加价资金，有的省（区、市）还没有征收（如四川省）。小水库移民后期扶持资金是分省按照销售电量每度电加价征收筹集，并限定了加价上限不得超过0.5厘钱。因此，经济发达、移民人数少的省份筹集的资金多，小水库移民的扶持标准甚至可以超过大中型水库。而一些经济落后、移民人数多的省份的小水库移民资金只能达到每年人均几十元的标准，扶持小水库移民资金额度严重不足，省际之间差异很大。

4.4.1.6 项目规划与其他专项规划的衔接问题

项目规划与其他部门的专项规划项目设置存在重复和交叉问题。在“十一五”规划中，特别是随着国家惠农政策力度不断加大，中央、各级政府在社会主义新农村建设过程中对农村基础设施建设投资力度不断加大，比如“村村通”工程、“人畜饮水安全”工程、“抗震安居”工程、第二轮“农村电网改造”工程等都已全面铺开建设。但是，市、县两级移民机构上报项目年度计划时，横向沟通较少，也安排了相应的项目，因此多头上报，造成项目重复安排。项目审批后开始实施时才发现部分项目别的部门已经实施，造成众多的项目变更，形成规划与实施“两张皮”，不但增加行政成本，而且间接增加了工程成本。

4.4.1.7 项目管理问题

（1）在项目选择方面。有的地方没有从解决移民生产生活存在的突出困难和问题的视角出发，热衷于上大项目，搞了不少“形象工程”，如广场、牌坊、集中聚居区等，浪费了有限的后期扶持资金。

（2）在项目管理方面。移民扶持项目点多、面广、量大，目前缺乏统一的管理办法。有的地方项目“重建轻管”现象还比较突出。形成这种问题主要有两方面原因。一是移民项目都是具体到村的项目,项目建成移交给各村后,常因管理不善或缺乏管理而导致移民工程损毁等现象发生。二是移民项目多属于公益类或准公益类项目,管理有成本但无直接经济效益,管理人没有积极性。

(3)在项目的资产产权方面。后期扶持项目建设后,必将形成相应的资产。在资产的价值形成过程中,资产的价值构成包含了两部分,既有国家的补助资金,又有当地村民的投劳折资或筹集资金。这些资产必将为当地或移民今后的生产生活带来相应的收益,是新农村建设不可缺少的重要资源。但是,要长期发挥这些资产的效益,如何明确资产的产权属性、界定和解决产权和使用权应该属于谁是当前项目管理中亟须解决的问题。

4.4.1.8 资金管理问题

移民资金是后期扶持相关规划实施工作的重点,也是库区社会容易引发矛盾的焦点。目前资金管理方面主要存在以下问题:一是预算管理差。有的地方在项目预算的管理上比较粗放,对工程造价审核把关不严,预算编制缺少量入为出、精打细算,导致一些项目出现预算投资与决算投资差距过大,给资金安全、项目运行带来了一系列问题。二是拨付环节乱。个别地方存在违规拨付资金的现象,将本应拨付给承建单位的资金违规拨到个人账户,更有甚者,将项目资金违规拨付到与项目实施无关的非建设单位。三是资金拨付链过长,资金投放结构不合理。由于财政部门和移民部门之间信息传递不畅,配合不够紧密,项目资金的拨付通常滞后半年到一年的时间,跨年拨付时常发生,当年的项目资金实际到位率较低,再加上其他中间环节及在途时间,资金到达项目建设单位的时间延迟更久。四是违规操作,专款未能专用。有些地方在下达项目预算时,直接预留或提取部分资金,变相截留移民资金;有的以统筹名义,按不同比例提取移民村资金,集中进行跨村项目的建设;还有的指定固定单位为后期扶持项目服务,所需费用挤占项目经费等。五是县级报账操作各异,资金安全无保障。有的执行省—市—县—乡(镇)—村五级拨款制,资金运行环节多,安全隐患大;有的县级移民机构既负责项目的规划申报、组织实施,又负责项目资金的拨付,缺乏制约;有的实行乡镇财政所和县移民局两级报账制,资金安全缺乏监管。六是票据使用不规范,票实不符,白条泛滥,套取资金问题严重。

4.4.2 现有移民后期扶持配套政策的缺陷

国务院“17号文件”颁布以后,中央相关部门、各级地方政府制定了一系列的后期扶持配套政策,但随着经济社会的发展,尤其是国家惠农政策的力度加大,凸显后期扶持配套政策的滞后。而且在配套政策制定过程中,各省(区、市)配套政策制定不平衡。有的地方配套政策制定不能满足后期扶持政策实施的要求。通过收集资料、实地调查、归纳分析,现有移民后期扶持配套政策主要存在以下缺陷和不足。

4.4.2.1 缺乏系统性

移民后期扶持政策实施涉及部门多、层面广,这就要求配套政策能够涵盖多领域、多部门,但是目前配套政策多是来自于发改部门、财政部门、移民部门,而且有的地方只是通过移民部门,从移民管理的层面来制定一些配套文件,没有涉及其他部门和层面的政策性文件,权威性、约束性不够。

一般来说,一个规划的实施应包括规划设计、规划审批、项目实施、项目管理、资金管理、监督管理、保障措施、验收评价等一系列的规章制度予以规范。目前中央层面现有的移民后期扶持配套政策主要涉及规划设计、资金管理、监督管理、保障措施,还缺少项目实施和管理、验收评价等方面的政策。依据中央的配套政策和要求,各省(区、市)也制定了相应的配套政策,而且有的省(区、市)根据规划实施的情况,制定了详细的、可操作性的项目管理、资金管理等方面的规章制度,但各地制定的配套政策很不均衡。总体上来看,目前现有的配套政策缺乏系统的制度安排。

4.4.2.2 缺乏稳定性

国务院“17号文件”颁布以后,为了快速推进水库移民后期扶持政策的实施,国家发展和改革委员会、财政部等部门制定并出台了一系列的应急性政策,其中大多数配套政策是暂行办法,而且还有许多是以

"通知"的形式下发的,缺乏稳定性。

4.4.2.3 缺乏制约性

政策的主要特征就是规范性和制约性。政策不但强调强制性,而且还要有激励性、惩罚性。目前有些现行的移民后期扶持配套政策只强调强制性,缺乏激励性、惩罚性的措施。如对于项目管理,有的制定的项目管理办法只重视建设而忽视了后续管理和维护的详细措施。

4.4.2.4 缺乏操作性

有些现有的后期扶持配套政策相对规定较为笼统,没有细化的、可操作的标准、程序等,从而导致不同的实施单位在后期扶持政策实施中理解各异、各行其是。如后期扶持相关规划编制依据是编制工作大纲,但由于编制工作大纲只是就规划的框架做了基本的规范,但对于不同项目的实施管理、各项费用的测算等缺乏具体的标准和程序,而各地在时间紧的情况下,匆忙编制,想当然地进行规划,在实施中根本无法操作。

4.4.2.5 缺乏预见性

随着经济社会的快速发展、相关规划的全面实施,凸显出有些配套政策在当时制定时缺乏预见性,已不合时宜,不能指导当前和未来的规划实施工作,需要不断完善和调整。如有些省(区、市)制定的项目管理办法在规划实施初期对基础设施项目建设和管理发挥了重要的促进作用,但随着项目扶持方式的转变,尤其是一些省(区、市)已开始的开发性生产项目的实施,缺乏相应的产权界定、运营管理、收益分配等方面的制度建设。

第5章 建立移民后期扶持配套政策框架体系的必要性和可行性

对移民后期扶持配套政策进行体系化研究,可以对水库移民后期扶持政策在整个国家政策体系中进行合理的定位,为后期扶持相关规划与其他专项规划的衔接和协调提供基础,为更有效地实现规划目标提供强有力的制度支撑。因此,抓紧建立移民后期扶持配套政策框架体系对于加强政策储备、更好地指导后期扶持政策实施工作具有十分重要的意义。

5.1 建立移民后期扶持配套政策框架体系的必要性

完善后的水库移民后期扶持政策已实施10年,相关的各项配套政策已基本研究制定,需进一步调整、完善。为加强和创新社会管理、适应经济社会形势的发展需要、完善移民政策法规体系、更有效地规范实施管理、指导各地政策实施,十分有必要建立移民后期扶持配套政策框架体系。

5.1.1 加强和创新社会管理的需要

中央一直强调加强和创新社会管理,对移民工作提出了新的更高的要求。从2015年2月举办的省(部)级领导干部研讨班,到"两会"审议通过的"十二五"规划纲要,中央一直强调要加强和创新社会管理,牢牢把握最大限度激发社会活力、最大限度增加和谐因素、最大限度减少不和谐因素的总要求,积极推进社会管理理念、制度、方法创新,完善党委领导、政府负责、社会协同、公众参与的社会管理格局,以解决影响社会和谐稳定突出问题为突破口,通过协调社会关系、规范社会行为、化解社会矛盾和深入细致的群众工作，维护人民群众权益，促进社会公平正义，保持社会良好秩序，有效应对社会风险。移民后期扶持政策实施工作直接关系到移民群众的切身利益，关系到区域社会稳定，并具有长期性、复杂性和艰巨性的特点，不仅是一项深入细致的群众工作，而且是库区和移民安置区社会管理工作的重要组成部分。中央关于加强和创新社会管理的一系列方针政策，对完善移民后期扶持配套政策提出新的更高的要求，也为建立配套政策框架体系指明了方向。

5.1.2　经济社会形势的发展需要

2011 年，中共中央、国务院以 1 号文件发布了《关于加快水利改革发展的决定》，明确要大力加强水利建设，力争通过 5 ~ 10 年努力，从根本上扭转水利建设明显滞后的局面。为应对气候变化，改善能源结构，大力发展水电也成为我国能源发展的重要选项。根据我国中长期水利水电工程建设的初步规划，在今后的 10 多年里，我国还将产生 200 万大中型水库移民，平均每年需要安置水库移民近 20 万人，移民工作任务十分繁重而艰巨。[1]

面对当前移民工作面临的新形势和新任务，需要把握时代发展的脉搏，把水库移民工作与经济社会发展联系起来，与国家宏观政策和社会环境的发展变化联系起来，与加快水利改革发展联系起来，与广大移民群众的预期要求联系起来，认真总结以往的工作经验，吸取教训，大胆探索。通过加强制度建设和实践探索，探寻移民后期扶持政策实施工作的内在规律，归纳出后期扶持政策实施工作的设计、实施、监督、监测、评价、协调等科学的管理制度，用以指导实践，提高管理水平，创新工作机制，提升管理水平。

5.1.3　完善移民政策法规体系的需要

党中央历来重视移民工作，先后出台了一系列的移民政策法规，采

---

[1] 摘录水利部水库移民开发局唐传利局长于 2011 年 6 月 12 日在移民立法前期准备工作研究课题研讨会上的讲话。

取多种措施加强移民工作，特别是2006年修订的《大中型水利水电工程建设征地补偿和移民安置条例》和国务院"17号文件"的出台，是规范移民工作，保障移民利益的重要体现。

移民后期扶持工作是移民工作的重要组成部分，涉及面广、复杂性强，关系到移民的切身利益。随着经济社会形势的发展，后期扶持政策实施工作中出现了一些新情况，原先的政策文件中的一些规定已经不能适应时代发展的需要，还有一些新情况在过去的政策文件中没有规定，致使政策在执行过程中出现了"真空"地带。因此，建立移民后期扶持配套政策框架是健全移民后期扶持政策、完善移民政策法规体系，实现依法治国、依法移民的需要。

5.1.4　规范规划实施管理的需要

目前，移民后期扶持政策相关的各项配套政策已基本研究制定。但是，从中央层面来说，虽然国家出台了不少有关移民后期扶持政策实施配套文件，为全国移民后期扶持政策实施工作起到了一个纲领性的作用，但是还缺乏项目管理、监督检查等相关内容的规定；从省级层面来说，各省（区、市）后期扶持配套政策制定很不均衡，有的省（区、市）制定了一系列较完善的各项配套文件，但也有不少省（区、市）配套政策制定还未全面开展。总体上看，移民后期扶持配套政策制定还未全面开展，缺乏专门、完整的法规体系和规范，导致在后期扶持实施管理中缺乏一定的依据和约束，在一定程度上影响了后期扶持工作应有的规范性、权威性和实施效果。因此，建立移民后期扶持配套政策框架体系是规范规划实施管理的需要。

5.1.5　各地后期扶持工作实施实践的需要

虽然后期扶持政策实施10年来，各地根据后期扶持实践探索了一些好的做法，但许多是探索性的文件，还缺乏上级部门的政策支持。根据调研结果显示，被调研省、市、县移民管理机构普遍认为，随着经济社会发展的形势转变，后期扶持实施中遇到了一些新的情况和问题，制约了后期扶持实施的顺利进展，如移民管理机构的建立健全问题、移民工作经费问题、库区基金征收问题、0.5厘电价加价资金征收问题、基础设施项目的管护问题、生产性开发项目的产权界定和收益分配问题、项目规划与其他专项规划的衔接问题、资金管理问题、监督检查问题等。这些问题的解决迫切需要中央出台相应的指导性意见、省级人民政府制定相应的实施办法,为移民后期扶持政策顺利实施提供了强有力的制度保障。

5.2 建立移民后期扶持配套政策框架体系的可行性

5.2.1 各级政府对后期扶持工作的高度重视

由中央政治局常委会、国务院常务会议专门研究水库移民问题并做出重要决策,这在水库移民后期扶持工作上是第一次。国务院"17号文件"颁布以后,国务院和有关部委以及省、市、县、乡政府都多次召开会议,牢牢把握政策执行的大方向,部署安排政策的贯彻实施工作,形成了从中央到地方做好移民工作的合力,营造了全社会共同做好移民后期扶持工作的良好氛围,体现了各级从贯彻落实科学发展观的高度、从推进和谐社会建设的高度、从提高党的执政能力的高度、从切实改进干部作风的高度,扎扎实实做好移民扶持工作的决心和信心。尤其是2010年12月国家发展和改革委员会、教育部、民政部等14个部委联合印发的《关于促进库区和移民安置区经济社会发展的通知》更彰显了国家对移民后期扶持政策实施的高度重视。这些都是建立移民后期扶持配套政策框架体系的强大动力。

5.2.2 已有的政策基础

2006年是国家移民政策调整和完善的重要里程碑年,《国务院关于完善大中型水库移民后期扶持政策的意见》《大中型水利水电工程建设征地补偿和移民安置条例》和《信访条例》相继出台。把前20年移民工作好的经验和做法,上升到政策法规的层面,加以确定,并针对移民工作出现的新问题和新情况,用新的政策法规予以解决。国家有关部委和省政府及省直有关部门为做好移民后期扶持政策的实施工作,也出台了一系列配套文件,初步形成了相互配套、一脉相承的政策法规体系,为新时期移民工作创造了良好的宏观政策法规环境。

为进一步做好移民条例贯彻落实工作,水利部正研究制订移民条例配套法规标准体系,计划在移民安置前期工作、移民安置实施管理、移民工作综合管理等方面研究制定 16 项配套法规和标准。目前,已有 7 项颁布施行,8 项已形成征求意见稿,1 项已经水利部部长专题会议审议通过,已初步形成了移民条例配套法规标准体系。这些移民条例配套法规和标准是制定移民后期扶持配套政策的依据和基础。与之相呼应,为深入贯彻落实国务院"17 号文件",移民后期扶持政策实施工作也必须在现有移民条例配套法规标准和后期扶持配套政策基础上,研究建立配套政策框架体系,并开展配套政策研究制定工作。

5.2.3　已有的实践基础

尽管目前移民后期扶持政策实施遇到了一些新情况和新问题,但后期扶持政策实施还有相当长的时间,我们不能等待条件完全具备再构建配套政策框架体系,只能在现有条件和基本具备条件的情况下就予以构建,而后逐步推进。

在移民后期扶持政策实施过程中,许多地方在实践中积极探索、大胆创新,已积累了一些宝贵的经验,摸索出一些好的做法。如福建省在资金管理方面实行的预算制度、核算制度、专户制度、拨付制度、报账制度、审核制度、公开制度,在监督管理方面实行的在线监督、审计监督、稽查、纪律监督、群众监督、评估监督;安徽省创建的村民"自选、自建、自管、自用"和政府监管服务相结合的基础设施项目建设管理机制;湖南省的移民产业开发机制;青岛市的生产开发性项目收益分配机制等。这些经验和做法为建立移民后期扶持配套政策框架体系提供了良好的素材和实践基础。

第6章 移民后期扶持配套政策框架体系的建立

建立移民后期扶持配套政策框架体系,是适应新时期后期扶持政策实施工作新形势和新任务的现实需要,是推进后期扶持政策实施工作历史性转变的有力保障,是健全后期扶持政策实施长效管理机制的有效举措。

6.1 建立移民后期扶持配套政策框架体系的原则

建立移民后期扶持配套政策框架体系,至少应把握以下四个方面的原则。

6.1.1 系统性原则

后期扶持配套政策框架体系既是对现有政策进行收集、整理、利用的平台与载体,又是指导政策新建、生成、修定的重要指南和依据。从理论上讲,后期扶持配套政策框架体系作为一种架构与支撑,应该兼容后期扶持实施所有法律法规、行政命令、制度规定,兼顾实体性、程序性,单体性、系统性,原则性、操作性规范文本,其内容具有全面性、完整性、广覆盖性。

6.1.2 稳定性原则

后期扶持配套政策框架体系是指导后期扶持配套政策制定带有全局性、根本性、长期性的框架,是借助法规制度形式固定后期扶持实施经验做法的有效工具,在纵向上贯通已制定、在制定和准制定、待制定后期扶持配套政策规范,在时间上具有关联性、延续性、继承性。其体系结构具有科学性,体系内容具有稳固性,体系效力具有持久性,一旦构建相对稳定，决不能朝令夕改。

6.1.3　开放性原则

后期扶持配套政策框架体系应该是一个动态的、发展的、与时俱进的系统。后期扶持配套政策框架体系的开放性，更多地体现为后期扶持配套政策制定的创新性和超前性，既将创新工作实践上升、固化为制度，又通过政策出台规范行为、推动源头治腐。可以说，后期扶持配套政策框架体系永远处在不断调整、完善之中。

6.1.4　规范性原则

后期扶持配套政策框架体系就是指导后期扶持配套政策制定及其排组的内在规则，是后期扶持配套政策集大成的体系形态。构建后期扶持配套政策框架体系的目的在于通过制定政策的平台，最大限度地发挥后期扶持配套政策本身所特有的强制力和规范作用，对后期扶持实施活动做出有效制约，使其在规定的权限和范围内运作。一个健全、完善的后期扶持配套政策框架体系，可以起到有效约束和规范的作用。

6.2　移民后期扶持配套政策框架体系建立的主体

国务院"17号文件"规定，移民工作实行属地管理，省级人民政府对本地区移民工作和社会稳定负总责。因此，从行政层面上看，移民后期扶持配套政策框架体系可以在中央政府和省级政府两个层次上提出。

中央层面，配套政策框架体系建立的主体是水库移民后期扶持政策部际联席会议，根据《全国水库移民后期扶持政策部际联席会议制度》和《全国水库移民后期扶持政策部际联席会议成员单位职责分工》，中央涉及的部门有国家发展和改革委员会、中宣部、公安部、监察部、民政部、财政部、劳动保障部、国土资源部、水利部、农业部、审计署、国资委、税务总局、法制办、林业局、电监会、信访局、国务院三峡办、国务院南水北调办、国家电网公司、南方电网公司、三峡总公司。但 2010 年 12 月发布的《关于促进库区和移民安置区经济社会发展的通知》涉及的 14 部委分别是国家发展和改革委员会、教育部、民政部、财政部、人力资源和社会保障部、国土资源部、环境保护部、住房和城乡建设部、交通运输部、水利部、农业部、卫生部、国务院扶贫办、国家广播电影电视总局。从目前中央制定的移民后期扶持政策实施配套文件看，主要涉及的部门是国家发展和改革委员会、财政部、水利部。

由此可见，目前的全国部际联席会议的成员单位涉及国务院的职能部门数量少、制定配套文件的部门较少，不足以满足移民后期扶持政策实施的需要。因此，从中央层面应扩大全国部际联席会议成员单位数量，增加移民后期扶持政策实施配套文件制定的参与主体，以进一步加强对移民后期扶持政策实施的组织领导，建立健全协调机制。

省级层面，移民后期扶持配套政策框架体系制定的主体应是省级人民政府，涉及的部门不但要有省发改委、财政厅、水利厅、移民管理机构，还应包括与移民后期扶持政策实施有关的政府的其他职能部门。

6.3 移民后期扶持配套政策框架体系

框架是指组织、结构。体系是指若干有关事物互相联系互相制约而构成的一个整体。框架体系，指若干有关事物互相联系互相制约而构成的一个组织严密、结构严谨的整体。移民后期扶持配套政策框架体系，是指由若干与移民后期扶持政策实施相关的政策文件组成的、层次清晰、类别分明、结构严谨的整体性的制度组织形式。

根据上述分析，移民后期扶持配套政策框架体系应涵盖人口管理、规划管理、资金管理、项目管理、监督管理、保障政策六个方面。

6.3.1 人口管理政策

人口管理政策是后期扶持政策实施的基础性政策，主要包括：老水库农村移民后期扶持人口核定登记办法、新建水库农村移民后期扶持人口核定登记办法、水库农村移民后期扶持人口动态管理办法。

目前,中央已颁布了《关于大中型水库农村移民后期扶持人口核定登记工作的意见》《新建大中型水库农村移民后期扶持人口核定登记暂行办法》,对水库农村移民后期扶持人口核定登记工作进行了规定。国务院"17号文件"指出:对于移民人口的自然变化采取何种具体政策,由各省、自治区、直辖市自行决定。各省(区、市)按照中央的要求也制定了相应的移民人口自然变化的政策,但为保证政策的统一性,建议中央出台《大中型水库农村移民后期扶持人口动态管理办法》。

6.3.2　规划管理政策

规划管理政策是后期扶持配套政策框架体系的重要组成部分,主要涉及规划编制、报批和执行,年度计划的编报、审批和执行。具体来说,主要包括:相关规划编制规程、相关规划实施管理办法、相关规划实施统计管理办法、相关规划实施档案管理办法、年度计划执行管理办法等。

目前,中央已颁布的《大中型水库移民后期扶持规划编制工作大纲》《大中型水库库区和移民安置区基础设施建设和经济发展规划编制工作大纲》对相关规划编制、报批作了规定,但还需要进一步完善,制定技术性强、更具有操作性的相关规划编制规程;目前研究制定的《大中型水利水电工程移民统计管理暂行办法》(征求意见稿)和《大中型水利水电工程移民档案管理暂行办法》(征求意见稿)分别对后期扶持政策实施的统计工作、档案管理工作做了规定,各地应按照颁发以后的办法制定相关规划实施工作的统计管理办法、档案管理办法。对于年度计划执行管理方面,中央没有出台相应规定,需要抓紧制定。

6.3.3　资金管理政策

资金管理政策是后期扶持配套政策框架的重要环节,主要涉及移民后期扶持资金征收、使用和管理。具体来说,主要包括:水库移民后期扶持基金征收使用管理办法、水库移民后期扶持结余资金使用管理办法、水库库区基金征收使用管理办法、小型水库移民后期扶持资金征收使用管理办法、水库移民后期扶持资金发放管理办法、水库移民资金县级报账制管理办法、水库移民后期扶持基金会计核算办法等。

目前,中央已颁布的《大中型水库移民后期扶持基金征收使用管理办法》《大中型水库移民后期扶持结余资金使用管理办法》《大中型水库库区基金征收使用管理办法》对后期扶持资金的征收、使用和管理做了规定,各省(区、市)也根据中央的要求制定了本区域的后期扶持基金使用管理实施细则、后期扶持结余资金使用管理实施细则、库区基金征收使用管理实施细则。国务院"17号文件"规定,各省、自治区、直辖市人民政府通过提高0.5厘电价加价资金,统筹解决小型水库移民的困难和在建后期扶持项目的后续资金投入。现在全国大部分省(区、市)已征收了0.5厘电价加价资金,但中央层面缺乏相应的政策规范。

在实践当中,对资金管理方面还缺乏相应的制度规范。有的省(区、市)参照处理中央直属水库移民遗留问题处理工作时期制定的《库区建设基金县级报账制实施办法》《库区建设基金会计核算办法》制定了移民后期扶持资金县级报账制、会计核算办法,进一步加强了资金管理,积累了好的经验。但有的省(区、市)还没有相关的规定,导致资金使用管理混乱。因此,中央应出台县级报账制、会计核算办法。

6.3.4　项目管理政策

项目管理制度是后期扶持配套政策框架体系的关键政策,主要涉及规划项目前期文件的编制和审批、项目年度计划管理、项目资金管理、项目公示和参与、项目实施建设、项目运行管理、项目验收、项目标志牌设立、评价等。具体来说,主要包括:后期扶持规划项目管理办法、库区和移民安置区基础设施建设和经济发展规划项目管理办法、扶持项目运行和维护管理办法、库区和移民安置区生产性开发项目建设运行和收益分配管理办法等。

目前,中央层面还未出台后期扶持项目管理办法,而各地在项目实施管理过程中做法不一,有的省(区、市)在项目实施中积累了好的做法、出台了好的制度,有的省(区、市)还未制定相应的项目管理办法。随着项目规划的全面实施,基础设施项目如何建设、运行、维护,生产开发性项目如何建设、运行、收益分配将成为亟须解决的问题。因此,中央应出台项目管理办法,为各地顺利开展项目实施提供制度支撑。

6.3.5　监督管理政策

监督管理政策是后期扶持配套政策框架体系的重要政策,主要涉及督导、稽查、审计和监测评估等监督检查手段。具体来说,主要内容包括:稽查管理办法、移民后期扶持资金内部审计办法、违反大中型水库移民后期扶持资金征收使用管理规定责任追究办法、后期扶持政策实施情况监测评估工作管理办法等。

目前,中央已颁布的《大中型水利水电工程移民规划实施稽查暂行办法》《大中型水利水电工程移民资金内部审计暂行办法》《违反大中型水库移民后期扶持基金征收使用管理规定责任追究办法》《关于开展大中型水库移民后期扶持政策实施情况监测评估工作的通知》对监督检查进行了规定。有的省(区、市)也制定了监督检查方面的办法,但还需根据中央在监督检查方面制定的规定完善本省(区、市)的监督管理办法。

6.3.6　实施保障政策

实施保障政策主要涉及组织机构、宣传工作、维稳方面,主要内容包括:移民后期扶持联席会议制度、移民后期扶持宣传工作办法、预防处置大中型水库移民突发事件应急预案、项目规划地方政府配套资金筹措办法等。

目前,中央颁布的《全国水库移民后期扶持政策部际联席会议成员单位职责分工》《大中型水库移民后期扶持政策宣传提纲和国发〔2006〕17号文件政策解答》对移民后期扶持组织机构、宣传工作做了规定,并对组织机构、宣传工作、社会维稳、地方配套资金筹措提出了制定办法和方案的要求。各省(区、市)制定了移民后期扶持联席会议制度、宣传工作提纲、预防处置大中型水库移民突发事件应急预案。还应制定项目规划地方政府配套资金筹措办法,以保证规划实施有充足的地方配套资金。

按照配套政策的制定主体划分，在中央层面上，主要是对后期扶持政策实施的操作过程提出原则性的指导，以框架性内容为主。在省级层面上，在中央层面的配套政策的基础和指导下，重点对合乎本省（区、市）的情况做出技术性的规定，进一步明确规划实施过程，操作性较强。

具体的移民后期扶持配套政策框架体系详见表6-1。

表 6-1 移民后期扶持配套政策框架体系

类型	中央层面配套政策			省级层面配套制度
	政策名称	现有相关政策文件	制定完善情况	制度名称
人口管理	水库移民后期扶持人口核定登记办法	关于大中型水库农村移民后期扶持人口核定登记工作的意见	已颁布	大中型水库农村移民后期扶持人口核定登记办法
	新建大中型水库移民后期扶持人口核定登记办法	新建大中型水库农村移民后期扶持人口核定登记暂行办法	已颁布	新建大中型水库农村移民后期扶持人口核定登记办法
	水库移民后期扶持人口动态管理办法	无	需制定	水库移民后期扶持人口动态管理办法
规划管理	相关规划编制规程	大中型水库移民后期扶持规划编制工作大纲、大中型水库库区和移民安置区基础设施建设和经济发展规划编制工作大纲	需在大纲基础上，完善制定编制规程	无需制定，执行编制规程
	相关规划实施管理办法	无	需制定	相关规划实施管理办法
	相关规划实施统计管理办法	大中型水利水电工程移民统计管理暂行办法	已制定（征求意见稿）	相关规划实施统计管理办法
	相关规划实施档案管理办法	大中型水利水电工程移民档案管理暂行办法	已制定（征求意见稿）	相关规划实施档案管理办法
	年度计划执行管理办法	无	需制定	年度计划执行管理办法

续表 6-1

类型	中央层面配套政策			省级层面配套制度
	政策名称	现有相关政策文件	制定完善情况	制度名称
资金管理	水库移民后期扶持基金征收使用管理办法	大中型水库移民后期扶持基金征收使用管理暂行办法	已颁布	水库移民后期扶持基金使用管理实施细则
	水库移民后期扶持结余资金使用管理办法	大中型水库移民后期扶持结余资金使用管理暂行办法	已颁布	水库移民后期扶持结余资金使用管理实施细则
	水库库区基金征收使用管理办法	大中型水库库区基金征收使用管理暂行办法	已颁布	水库库区基金征收使用管理实施细则
	小型水库移民后期扶持资金征收使用管理办法		需制定	小型水库移民后期扶持资金征收使用管理办法
	水库移民后期扶持资金发放管理办法		需制定	水库移民后期扶持资金发放管理实施细则
	水库移民资金县级报账制管理办法		需制定	水库移民资金县级报账制管理办法
	水库移民后期扶持基金会计核算办法		需制定	水库移民后期扶持基金会计核算办法

续表 6-1

类型	中央层面配套政策			省级层面配套制度
	政策名称	现有相关政策文件	制定完善情况	制度名称
项目管理	后期扶持规划项目管理办法		需制定	后期扶持规划项目管理办法
	库区和移民安置区基础设施建设和经济发展规划项目管理办法		需制定	库区和移民安置区基础设施建设和经济发展规划项目管理办法
	扶持项目运行和维护管理办法		需制定	扶持项目运行和维护管理办法
	库区和移民安置区生产性开发项目建设运行和收益分配管理办法		需制定	库区和移民安置区生产性开发项目建设运行和收益分配管理办法
监督管理	移民后期扶持相关规划实施稽查管理办法	大中型水利水电工程移民规划实施稽查暂行办法	已颁布	移民后期扶持相关规划实施稽查管理办法
	移民后期扶持资金内部审计办法	大中型水利水电工程移民资金内部审计暂行办法	已制定(征求意见稿)	移民后期扶持资金内部审计实施细则
	违反大中型水库移民后期扶持资金征收使用管理规定责任追究办法	违反大中型水库移民后期扶持基金征收使用管理规定责任追究办法	已颁布,需完善	违反大中型水库移民后期扶持资金征收使用管理规定责任追究办法
	后期扶持政策实施情况监测评估工作管理办法	关于开展大中型水库移民后期扶持政策实施情况监测评估工作的通知	已颁布	后期扶持政策实施情况监测评估工作管理办法

续表 6-1

类型	中央层面配套政策			省级层面配套制度
	政策名称	现有相关政策文件	制定完善情况	制度名称
保障措施	移民后期扶持联席会议制度	全国水库移民后期扶持政策部际联席会议成员单位职责分工	已颁布	移民后期扶持联席会议制度
	移民后期扶持宣传工作办法	大中型水库移民后期扶持政策宣传提纲和国发〔2006〕17 号文件政策解答	已颁布	移民后期扶持宣传工作办法
	预防处置大中型水库移民突发事件应急预案		由省级制定	预防处置大中型水库移民突发事件应急预案
	项目规划地方政府配套资金筹措办法		需制定	项目规划地方政府配套资金筹措实施细则

第 7 章　完善移民后期扶持配套政策的建议

为更有效地指导各地移民后期扶持政策的实施,应在第 6 章建立的配套政策框架体系的基础上,提出相应配套政策制定和完善的建议。

7.1　移民后期扶持政策实施注意事项

在完善移民后期扶持配套政策制定中,需注意后期扶持实施中存在的问题,并要处理好以下几种关系。

7.1.1　处理好近期目标与长远发展的关系

由于多年来库区和移民安置区受地理条件和投资所限,遗留问题普遍较多,基础设施和生产生活条件相对滞后。移民村应根据本村五年的后期扶持资金额度,先解决什么,后发展什么,哪些是制约本村经济发展和影响移民生产生活最急需办的,哪些是可以缓期办的,使有限的资金发挥更大的效益,在编制“五年规划”时都必须统筹考虑。既要顾及当前,又要着眼长远。否则,要么受后期扶持资金数额所限,只能做一些修修补补、低标准的小项目,造成前建后损,重复投资建设;要么已经建设的项目,由于不符合本村整体发展规划,不得不毁坏重建。这样,既浪费了有限的后期扶持资金,也看不出移民村通过项目扶持带来的显著变化。有的移民村由于单纯追求价格低廉,两年以前安装的路灯,近两成已经不同程度地损坏。通过挖补改造的路面,虽然投资少,但运行一两年也“满目疮痍”。个别移民村,由于缺乏长远发展的目标,在第一个“五年规划”实施过程中,基础设施建设基本完善,但却又被列为全县社会主义新农村建设试点村,全村将进行整体搬迁并建设公寓楼,把原来的村庄变为耕地,已经投资建设五年的项目将被毁掉。

7.1.2 处理好移民意愿与政府引导的关系

在项目申报时，一定要处理好移民意愿与政府引导的关系。充分尊重移民意愿、广泛听取移民意见有利于移民满意度的提高，但如果政府不善于引导，后期扶持所产生的经济、社会和环境效益将受到一定程度的影响。引导不能强制，引导不是包办，引导要在广泛听取意见、认真分析利弊的基础上进行。

7.1.3 处理好规划与年度计划的关系

从字面上理解，规划是一个一定时间段的总体安排，规划可五年、十年或更长为一个周期，并在此期间实现预期的目标和任务。年度计划则是分年度实施规划目标任务的具体安排。所以我们也可将规划和计划比喻为，前者是“母”，后者是“子”。规划是蓝图，而计划从规划中来。移民后期扶持相关规划均为五年一个周期。而年度项目计划就须根据批准的规划逐年编制。年度计划的项目原则上必须是已经列入规划中的项目。如果具体情况发生变化，在尊重移民群众意愿的基础上，年度计划项目也可作适度调整，但不能偏离规划目标任务的实现。一个移民村组规划的资金，或分年度安排或集中安排，但不可超过规划总额度。

7.1.4 处理好项目与资金的关系

资金跟着项目走，应该是移民项目和资金管理的特色，并一直坚持的行之有效的管理方式。项目一经批复下达，就意味着该项目所需资金使用的确认。两者相互依存，彼此不可分割。项目的资金实行包干使用，如项目资金超支，超支部分由项目建设单位自行消化，不予报销。如项目资金节余，则可结转下年度继续用于该村组实施其他项目。

7.1.5 处理好项目实施与资金拨付的关系

扶持项目一经批复下达，项目扶持资金也会随之由财政部门逐级下拨到县级移民专户。县级移民管理机构应迅速将项目批复到相关项目村组,并由项目实施村组上报项目开工,要求预拨资金的申请后,按照项目资金的管理办法,向村组开设项目资金专户(或银行存折)预拨部分项目启动资金,剩余的项目资金则根据工程施工进度分期支付。应该说,项目实施和资金拨付两者是相辅相成、互为因果的。项目施工进度快,则资金拨付也相应加快。项目实施完工后,按项目决算拨付剩余资金。

7.1.6 处理好移民部门与其他部门的关系

实施移民后期扶持政策,移民管理机构责任重大,但离不开财政、发改委、交通、水务等有关部门的支持与配合。按照省政府明确的职责分工,财政部门主要负责资金的监管和拨付工作,发改委主要协调解决工作中的重大问题,牵头编制《库区和移民安置区基础设施建设和经济发展规划》。在实施后期扶持的交通、人畜饮水、水利设施等项目中,也涉及交通、水务等部门的资金相互配套问题。加之有的地方移民部门缺乏工程技术人员,在工程设计、预算、验收中,也需要有关专业部门的参与和把关。因此,移民管理机构在实际工作中,应积极主动地加强与各有关部门的联系、沟通、衔接工作,把职责范围内的工作做细、做好、做实、做到位,争取他们的支持和配合。对于直补资金的发放,各县(市、区)移民部门应根据直补人口动态管理的要求,在规定的时间内,将下次核定的直补人口花名册报送同级财政部门,以便财政部门按名册通过“一卡通”及时发放。后期扶持和经济发展规划中的年度项目计划的编报工作,离不开财政部门的参与。各级移民部门通过“自下而上”的编制年度项目计划后,应及时会同同级财政部门联合办文逐级上报。在编制年度计划涉及有关道路、桥梁、人畜饮水、水库、水陂、渠道等项目中,一是需要交通、水务等部门从专业技术角度,予以设计、预算。二是充分利用交通、水务等部门的扶持资金,互为配套,解决移民村组和安置区扶持项目资金短缺的问题。只要是广大移民群众受益,就不必计较谁配套谁。三是扶持项目的决算验收工作,应尽量争取交通、水务等部门派专业技术人员共同参与,帮助把好工程质量和资金决算关。

7.1.7 处理好后期扶持规划与库区和移民安置区基础设施建设和经济发展规划的关系

水库移民后期扶持规划与库区和移民安置区基础设施建设及经济发展规划是相辅相成的，两者既有密切联系，互为补充和完善，又有区别，各有侧重。水库移民后期扶持规划是按照每人每年600元补助标准编制的限额规划，其重点是落实“一个尽量，两个可以”，解决移民的温饱问题和生产生活中存在的突出问题。扶持资金全部来源于销售电量加价提取的扶持资金，主要用于解决农村水库移民的问题，不能平调。规划主要由移民部门编制。

库区和移民安置区基础设施建设和经济发展规划是结合区域经济社会发展的项目扶持规划，主要解决库区和移民安置区基础设施薄弱和长远发展问题。其资金来源是多方面的，既有向库区倾斜的中央投资，又有用电量增长而增加的后期扶持资金，还有调整完善后的库区维护资金。既可用于解决移民村组基础设施建设和长远发展问题，又可统筹用于对相关影响人口进行项目扶持，化解矛盾。这个规划则由发展和改革委员会和移民部门共同编制。

7.2 移民后期扶持配套政策制定的重点和难点

7.2.1 移民后期扶持配套政策制定的重点

移民后期扶持配套政策制定的重点主要体现在规划管理、资金管理、项目管理、监督管理4个方面。

(1)规划管理方面，重点要制定和完善的配套政策主要涉及规划编制、年度计划编制和执行、规划实施管理和效果评价。

(2)资金管理方面，重点要制定和完善的配套政策主要涉及移民后期扶持资金的预算管理、县级报账制和会计核算为主的财务管理政策。

(3)项目管理方面，重点要制定和完善的配套政策主要涉及投入机制、项目运行、产权性质、管理主体、经营方式及收益分配管理等。

(4)监督管理方面，重点要制定和完善的配套政策主要涉及行政监管、群众监督、社会监督等。

7.2.2　移民后期扶持配套政策制定的难点

影响移民后期扶持配套政策制定的难点主要体现在移民管理机构不健全和移民工作经费无保障、资金筹集不到位、移民管理机构与其他部门关系的协调3个方面。

(1)移民管理机构不健全及移民工作经费无保障。一是中央无统一的国务院移民管理机构，无法实现移民工作的归口管理；二是突出表现为有些县级移民管理机构不健全、人员不稳定、工作经费无保障等问题，影响后期扶持政策实施工作的顺利实施。

(2)资金筹集不到位。主要是库区基金征收不到位，社会帮扶资金、自筹资金、地方政府配套资金难筹集，制约了后期扶持政策实施。

(3)移民管理机构与其他部门关系的协调。主要是移民管理机构与发展和改革委员会、财政、水利、交通、农业等部门关系的协调；项目规划与其他部门专项规划之间的衔接问题。

7.3　完善移民后期扶持配套政策的建议

移民后期扶持政策需实施20年之久，当前已实施了10年，各项工作任重而道远，为让移民群众得到更多实惠，充分发挥资金效益、项目效益，需进一步强化移民后期扶持配套政策建设，提升管理水平，以促进后期扶持政策实施更好更快地发展。

7.3.1　加强和改进规划编制工作

编制科学的规划是后期扶持政策实施的基础性工作。一是要突出主题主线。以推动库区科学发展为主题，以加快转变、跨越发展为主线，加快建立促进库区经济发展、移民持续增收、社会和谐稳定的长效机制。二是明确编制原则。要进一步强化规划的科学性，以科学发展观为指导,坚持从实际出发、统筹考虑库区各项发展,体现以人为本、民生优先、生态保护与平安和谐;要进一步强化规划的可操作性,落实规划目标任务,加强规划项目筛选,促进项目生成,建立项目滚动发展的长效机制。三是加强协调衔接。把后期扶持相关规划与当地国民经济和社会发展"十二五"规划以及水利、交通、农业、林业、社会保障等其他行业规划充分衔接起来,保证规划目标、投资安排和政策措施的有机对接,合理配置各种资源要素,移民专项资金要重点解决其他投资渠道难以覆盖的库区发展问题,优先安排见效快、效果好的民生项目,以适应改善库区民生、推动库区发展的要求。四是坚持统筹兼顾。注意把握好加快发展与科学发展的关系,整体推进与突出重点的关系,加强具有全局性、战略性问题的研究,做到既统筹库区经济、文化、社会以及生态文明建设各个领域,又切实突出转变库区发展方式、改善库区民生战略重点,增强规划的宏观性、战略性、前瞻性和可操作性,从而使后期扶持相关规划真正成为推动发展的规划、促进增收的规划、改善民生的规划、维护稳定的规划。

7.3.2 健全移民资金的安全运行机制

移民资金是国家扶持移民的专项资金,其使用对象只能是移民,必须专款专用,不得挤占、挪用、截留。一是要严格执行资金预算制。对未纳入年度预算的项目,不得使用移民资金组织实施;对超工程概算、超中标价的项目进行专项检查和追踪问效。二是实行资金专户制。后期扶持资金应当设立专户,建立专账,指定专人管理,封闭运行。三是实行县级报账制。由项目单位根据计划和进度提出用款申请并附报账凭据,按规定的程序报经批准,由县级移民管理单位统一支付并集中核算。四是加强内部责任制。各级移民机构要加强内部制度和内控机制建设,加强资金流转各环节的财务监督,保证资金安全完整,努力降低资金风险。

7.3.3 完善规划实施的移民参与模式

后期扶持是民生政策,专门用于解决移民的生产生活困难。根据国务院“17 号文件”的规定,“项目的确定必须坚持民主程序,尊重和维护移民群众的知情权、参与权和监督权。”为保障移民的“三权”,必须切实推行移民政务公开,把阳光操作贯穿于移民工作的各个方面和环节。通过建立移民后期扶持的告知、公示、协商、听证、参与等制度,组织移民参与项目的筛选、确定、申报、实施、验收等全过程管理,形成了上下畅通、左右联动、规范运作、长期坚持、移民参与的长效运行机制。只有这样,才能防止和避免因政策执行不当或执行不到位而引发的矛盾纠纷。

让移民直接参与项目和资金的管理,把项目实施和资金使用的全过程都向移民敞开,一是增强了透明度,让移民放心;二是杜绝了资金使用中的一些漏洞,避免了少数基层政府挪用、克扣移民资金的现象,提高了资金使用效益;三是弥补了移民部门的人员缺口,减轻了负担,降低了风险。当然,吸收移民参与并不意味着移民主管部门可以放任不管,还是要加强服务、指导、管理、监督,防止少数移民代表利用移民的信用谋取个人利益。

7.3.4　建立多层次的后期扶持监管体系

水库移民问题复杂,牵涉面广,后期扶持相关规划实施涉及方方面面的利益,稍有不慎,不仅会妨碍后期扶持政策的顺利实施,而且可能影响到区域社会稳定。因此,要维护移民的稳定,必须建立多层次的后期扶持监管体系,提高后期扶持工作管理水平,确保后期扶持政策实施效果。一是坚持经常性督促检查。部际联席会议和县级以上地方人民政府要经常性组织有关部门组成督导组,指导、督促、检查后期扶持政策实施工作和后期扶持资金征收使用管理情况,及时发现并协调解决政策实施工作中出现的困难和问题,定期向上级报告政策实施情况。各级监察、财政部门要会同同级移民管理机构,进一步加强对后期扶持资金征收使用管理的监督检查工作。二是开展规划实施稽查。2008年,水利部移民局制定了《大中型水利水电工程移民规划实施稽查暂行办法》。三年来,水利部移民局从零起步,聘请了稽查特派员,建立了稽查专家库,落实了稽查工作经费,连续三年下达了年度稽查计划并严格执行年度计划。省级移民管理机构要商发展改革、财政、水利等部门，抓紧制定本地区开展稽查工作的实施细则和办法，明确稽查机构，建立稽查队伍，落实工作经费，定期组织对相关规划实施情况进行稽查，及时发现并研究解决规划实施工作中遇到的困难和问题，确保规划实施效果。三是内部审计。中央移民管理机构和省级移民管理机构将组织开展后期扶持资金内部审计工作，明确内部审计机构，建立内部审计队伍，落实工作经费，定期组织对后期扶持资金使用管理情况进行内部审计，及时发现并研究后期扶持资金使用管理中存在的问题，确保后期扶持资金安全。四是外部审计。聘请会计师事务所、审计师事务所等社会中介机构，对移民后期扶持项目的效益进行审计。五是社会评估。各地要根据发展和改革委员会、财政部、水利部联合印发的《关于开展大中型水库移民后期扶持政策实施情况监测评估工作的意见》要求，全面建立监测评估机制，对后期扶持政策实施情况进行跟踪监测，及时掌握情况，评估实施效果，保障资金使用安全和后期扶持政策顺利实施。

7.3.5 强化项目的规范管理

随着项目的全面实施，要狠抓项目规范管理，优化项目建设管理，并建立项目良性管理的长效机制。一是加强项目申报管理。按要求确定申报项目，按程序进行项目申报。二是规范项目招投标，加强施工管理。要对项目招投标、签订施工合同和确定监理单位等环节进行规范。三是规范项目验收程序，加强项目验收管理。落实决算审计制度、验收挂牌制、政务公开制等监督制度。四是要突出移民主体，实行项目管理民主化。从项目的立项、建设、竣工、运行等各个环节，都要充分尊重群众的知情权、选择权、参与权和监督权。五是加强基础设施项目的管理维护。要坚持建、管并重，积极探索建立和完善工程项目自我维持、自我发展的良性管理的长效机制，确保工程持续运行和长期发挥效益。六是明确开发性生产项目的运行和收益分配管理。明确界定项目的产权归属、资产管理主体，资产的经营方式和收益分配模式，以充分发挥项目和资金的扶持效益。

7.3.6　建设高素质的移民管理队伍

一是要增加县级移民管理机构的人员编制和经费保障，以适应移民后期扶持政策实施的需要。二是要加强业务培训，不断提高移民干部的工作能力和管理水平。三是要完善联席会议的工作机制。明确会议的工作模式（定期与临时相结合）、召集程序、议事规则、表决办法、决议效力；规定各组成单位的责任部门、工作流程、经办人员；建立移民后期扶持工作的信息交流平台，及时传递和交换各自信息。

参考文献

[1] 李红,左萍,杨涛,等. 大中型水库移民后期扶持监测评估[M]. 郑州:黄河水利出版社,2010.

[2] 李振华. 水库移民后期扶持法律制度研究[M]. 北京:中国政法大学出版社,2014.

[3] 杨涛,左萍,常全利. 移民后期扶持相关规划实施存在的问题及建议[J]. 老区建设,2013(4):8-11.

[4] 杨涛,左萍. 移民后期扶持政策实施配套制度框架研究[J]. 老区建设,2013(10):4-5.

[5] 杨稳新. 大中型水库移民项目管理若干问题的思考[J]. 陕西水利,2010(1):11-12.

[6] 邵慧敏,肖圣飞. 水库移民后期扶持资金使用效益影响因素分析及对策[J]. 水利经济,2010(1):67-70.

[7] 陈晓楠,施国庆,余庆年. 水库移民后期扶持政策的政府干预及实施研究[J]. 人民长江,2009(5):83-85.

[8] 何铁生. 水库移民后期扶持政策研究[J]. 水利经济,2004(5):52-54.

[9] 李瑜. 完善湖北省大中型水库移民后扶资金管理政策的思考[J]. 湖北经济学院学报(人文社会科学版),2011(2):56-57.

[10] 王珍义,李振华,陈璐. 大中型水库移民后期扶持资金管理的调查研究[J]. 财会月刊,2011(4):18-20.

[11] 张耀峰,曾霞,郑昌红. 湖北省大中型水库移民后扶监督管理研究[J]. 湖北经济学院学报(人文社会科学版),2011(2):68-69.

[12] 袁志明. 肇庆市水库移民后期扶持工作的存在问题及对策思考[J]. 广东水利水电,2010(2):17-18.

[13] 侯璐璐. 我国水库移民后期扶持政策的经济学分析[J]. 人民长江,2009(1):94-96.

[14] 李亚林. 提高水库移民后期扶持工作满意度的思考[J]. 科技创业月刊,2011(2):82-83.

[15] 易斌. 水库移民后期扶持政策的实践与探索[J]. 老区建设,2008(9):57-58.

[16] 吴路宁,邝标. 水库移民后期扶持规划稽察诌议[J]. 老区建设,2010(1):52-54.

[17] 龙腾飞,张峻荣,施国庆. 水库移民后期扶持规划的交互式公众参与模式[J]. 人民长江,2008(3):86-88.

[18] 陈晓楠,施国庆,余庆年. 水库移民的历史变迁及实施后期扶持政策研究[J]. 人民黄河,2009(4):9-10.

[19] 王冬生,吕金宝,徐丽娜,等. 实施水库移民后期扶持工作的几点思考[J]. 江苏水利,2009(2):45-46.

[20] 张敬光. 科学发展中移民后扶工作的思考[J]. 四川水利,2010(1):10-13.

[21] 张春美,曾庆连,等. 基于增收目标的水库移民后期扶持问题探讨[J]. 人民长江,2009(1):97-99.

[22] 赵彪,段跃芳,梁福庆. 基于影响程度的水库移民后期扶持研究[J]. 三峡大学学报(人文社会科学版),2008(7):13-17.

[23] 徐亨兴,吕信东. 关于新阶段移民后期扶持工作的几点思考[J]. 老区建设,2009(21):15.

[24] 黄廷政,段跃芳,张伟立. 关于水库移民项目扶持模式创新的探讨[J]. 水利经济,2009(11):62-63.

[25] 林爱珍. 对新阶段移民后扶工作重点调整的思考[J]. 老区建设,2009(23):45-47.

[26] 张春美,曾庆连,等. 对农村水库移民生产开发扶持问题的探讨——以江西省为例[J]. 水利经济,2009(3):71-74.

[27] 张春美,曾庆连. 对建立和完善水库移民后期扶持机制的探讨[J]. 江西农业大学学报(社会科学版),2006(3):117-119.

[28] 梁晓丽,林莉,邢长迁. 大中型水库移民后期扶持直补资金发放管理的探讨[J]. 山东水利,2009(7):48-49.

[29] 曾新华. 大中型水库移民后期扶持直补人口核定中几个问题的探讨[J]. 老区建设,2009(21):20.

[30] 周勇. 大中型水库移民后期扶持须处理好八大关系[J]. 老区建设,2009(21):36-37.

[31] 杨建设,左萍,杨涛. 水库移民后期扶持政策实施情况监测评估[J]. 水利规划与设计,2009(5):44-45.

[32] 陆子修,吴昭仁,何开荫. 把农村公共建设的自主权交给农民——安徽省水库移民后期扶持项目民主管理调查与思考[J]. 村委主任,2011(3):4-5.

[33] 杜平平. 建章立制　强化监督　确保移民资金安全运行[J]. 福建移民,2011(3):58-61.

[34] 周道武. 浅议移民后期扶持工作存在的问题及对策[J]. 水工程移民,2010(2):50-51.
[35] 刘高锡,侯希智,等. 库区移民帮扶项目运行收益分配与监管机制规范研究[J]. 水工程移民,2010(3):57-62.
[36] 刘紫东,荷伟娜. 立足区域特点、着眼长远发展、探索库区移民村帮扶方式[J]. 水工程移民,2010(3):63-67.
[37] 王泽民,朱俊福. 后期扶持项目管理存在的问题及对策[J]. 水工程移民,2010(4):47-48.
[38] 罗梅霞. 松滋市移民后扶工作的调查与思考[J]. 水工程移民,2011(1):57-59.
[39] 徐明华. 在湖南省移民产业开发现场会上的讲话[J]. 水工程移民,2011(1).
[40] 谢颂军. 落实水库移民后期扶持政策应处理好“五个关系”[J]. 水工程移民,2011(2):41-42.
[41] 田锦锋. 水库移民后期扶持项目实施中应处理好七个关系[J]. 水工程移民,2011(2):47-48.
[42] 北京中水新华国际工程咨询有限公司. 北方十七省大中型水库移民后期扶持政策实施经验及初步效果研究报告[R]. 2009.
[43] 河南大河工程建设管理有限公司. 南方十五省大中型水库移民后期扶持政策实施经验及初步效果研究报告[R]. 2009.
[44] 北京中水新华国际工程咨询有限公司. 大中型水库移民后期扶持政策实施经验及初步效果研究报告汇编(北方片)[R]. 2009.
[45] 河南大河工程建设管理有限公司. 南方各省大中型水库移民后期扶持政策实施经验及初步效果研究报告汇编[R],2009.